"创新设计思维"
数字媒体与艺术设计类新形态丛书

全|彩|慕|课|版

Premiere Pro 2022

影视编辑与特效制作案例教程

曹茂鹏 蔡少婷 编著

U0267967

人民邮电出版社

北京

图书在版编目（CIP）数据

Premiere Pro 2022影视编辑与特效制作案例教程：全彩慕课版 / 曹茂鹏，蔡少婷编著. -- 北京：人民邮电出版社，2023.11
（"创新设计思维"数字媒体与艺术设计类新形态丛书）
ISBN 978-7-115-62187-0

Ⅰ. ①P… Ⅱ. ①曹… ②蔡… Ⅲ. ①视频编辑软件—案例—教材 Ⅳ. ①TN94

中国国家版本馆CIP数据核字(2023)第121541号

内 容 提 要

本书主要使用 Premiere Pro 2022 讲解影视编辑与特效制作的理论知识，注重案例选材的实用性、步骤的完整性、思维的扩展性，并结合案例的设计理念和思路，逐步提高读者的软件操作技能和设计能力。

全书共 11 章，主要内容包括 Premiere Pro 2022 基础、视频剪辑、常用视频特效、常用视频转场、动画、视频调色、为视频添加文字、输出作品、广告设计综合应用、短视频制作综合应用、影视特效制作综合应用。

本书可作为普通高等院校数字媒体技术、数字媒体艺术、影视摄影与制作、广播电视编导等相关专业的教材，也可作为从事影视制作、栏目包装制作、电视广告制作、后期编辑与合成相关工作人员的参考书。

◆ 编　著　曹茂鹏　蔡少婷
　　责任编辑　许金霞
　　责任印制　王　郁　陈　犇

◆ 人民邮电出版社出版发行　　北京市丰台区成寿寺路 11 号
　　邮编　100164　电子邮件　315@ptpress.com.cn
　　网址　https://www.ptpress.com.cn
　　临西县阅读时光印刷有限公司印刷

◆ 开本：787×1092　1/16
　　印张：13.5　　　　　　　　　　　2023 年 11 月第 1 版
　　字数：350 千字　　　　　　　　　2025 年 1 月河北第 3 次印刷

定价：79.80 元

读者服务热线：(010)81055256　印装质量热线：(010)81055316
反盗版热线：(010)81055315
广告经营许可证：京东市监广登字 20170147 号

　　党的二十大报告指出：坚持人民为中心的创作导向，以优秀的作品服务人民、服务社会。Adobe Premiere 是 Adobe 公司推出的视频编辑与剪辑软件，广泛应用于视频剪辑、影视设计、电视包装设计、广告设计、动画设计、自媒体短视频设计等。基于 Adobe Premiere 在影视行业的广泛应用及高校数字艺术相关专业人才培养目标，我们编写了本书。

本书特色

　　◎ 章节合理。第 1 章主要讲解 Premiere Pro 2022 软件的入门操作，第 2 ～ 8 章按软件技术分类讲解具体应用知识，第 9 ～ 11 章是综合应用实操。

　　◎ 结构清晰。本书以采用"软件基础 + 实操 + 扩展练习 + 课后习题 + 课后实战"的结构进行讲解，让读者实现从入门到精通软件应用的目标。

　　◎ 实用性强。本书精选实用性强的案例，以便读者应对多种行业的设计工作。

　　◎ 项目式案例解析。本书案例大多包括项目诉求、设计思路、配色方案、版面构图、项目实战等内容，案例讲解详细，有助于提升读者的综合设计素养。

　　本书是基于 Premiere Pro 2022 版本编写的，请读者使用该版本或更高版本进行练习。读者如果使用过低的版本，则可能会出现源文件无法打开等问题。

本书内容

第 1 章　Premiere Pro 2022 基础，主要包括 Premiere Pro 2022 界面、Premiere Pro 2022 常用面板、Premiere Pro 2022 创作常用流程等内容。

第 2 章　视频剪辑，包括多种视频剪辑工具的使用及风景类视频、饮品视频、郊游 Vlog 等剪辑应用。

第 3 章　常用视频特效，包括十余个视频效果组的效果介绍及视频特效的应用。

第 4 章　常用视频转场，包括 9 个视频过渡效果组的效果介绍及视频过渡效果的应用。

第 5 章　动画，包括关键帧的创建及编辑、时间重映射、关键帧插值及动画的应用。

第 6 章　视频调色，包括颜色校正效果组和过时效果组中的调色效果及调色效果的应用。

第 7 章　为视频添加文字，包括文字工具、使用旧版标题创建文本及文字的应用。

第 8 章　输出作品，包括【导出设置】对话框、Adobe Media Encoder 及不同格式的作品输出。

第 9 章 广告设计综合应用，包括手工橡木浴室柜广告、淘宝服装宣传广告。

第 10 章 短视频制作综合应用，包括日常生活 Vlog 短视频、青春活力感视频片头。

第 11 章 影视特效制作综合应用，包括影视特效发光文字、时尚多彩视频特效。

教学资源

本书提供了丰富的立体化资源，包括实操视频、案例资源、教辅资源、慕课视频等。读者可登录人邮教育社区（www.ryjiaoyu.com），在本书页面中下载案例资源和教辅资源。

实操视频：本书所有案例配套微课视频，扫描书中二维码即可观看。

案例资源：所有案例需要的素材和效果文件，素材和效果文件均以案例名称命名。

教辅资源：本书提供 PPT 课件、教学大纲、教学教案、拓展案例、拓展素材资源等。

素材文件　　效果文件　　PPT课件　　教学大纲　　教学教案　　拓展案例　　拓展素材资源

慕课视频：作者针对全书各章内容和案例录制了完整的慕课视频，以供读者自主学习；读者可通过扫描二维码或者登录人邮学院网站（新用户须注册），单击页面上方的"学习卡"选项，并在"学习卡"页面中输入本书封底刮刮卡的激活码，即可学习本书配套慕课。

慕课课程　　　　　　　　　　　　　　　　　　　　　　慕课课程网址

作者团队

本书由曹茂鹏、蔡少婷编著。参与本书编写和整理工作的还有瞿颖健、张玉华、瞿玉珍、杨力、曹元钢。由于时间仓促，加之编写水平有限，书中难免存在疏漏和不妥之处，敬请广大读者批评指正。

编者

2023 年 11 月

C O N T E N T S

目录

第 **3** 章 35
常用视频特效

第 **4** 章 56
常用视频转场

第 **5** 章 75
动画

第 **6** 章 100
视频调色

第 **7** 章 119
为视频添加文字

第1章

Premiere Pro 2022基础

本章主要认识 Premiere Pro 2022 的各个界面，了解调整界面的位置可以更快、更便捷地制作视频文件，以及在合适的面板中通过相应的操作为视频素材添加效果等。

本章要点

⭐ 能力目标

❖ 了解 Premiere Pro 2022 界面

❖ 熟悉 Premiere Pro 2022 面板

❖ 掌握 Premiere Pro 2022 基本操作

1.1 Premiere Pro 2022 界面

Premiere Pro 2022界面是由一个个面板组成的，这些面板既可以调整大小，也可以调整位置。用户可以选择合适的工具重新布局界面中的面板。除此之外，在Premiere Pro中还可以打开和关闭面板。

1.1.1 Premiere Pro 2022 的主界面

Premiere Pro 2022的主界面是由标题栏、菜单栏和各个面板组成的，如图1-1所示。

图 1-1

1.1.2 修改界面的布局

在需要移动面板的顶部按住鼠标左键并将其拖曳到界面的合适位置，如图1-2所示。

图 1-2

释放鼠标左键，此时界面效果如图1-3所示。

图 1-3

1.1.3 选择不同的工作界面

在菜单栏中执行【窗口】→【工作区】命令，在子菜单中可以选择需要的工作界面，如图1-4所示。

图 1-4

1.1.4 打开不同的面板

在菜单栏中执行【窗口】→【工作区】命令，接着可以单击选择需要的面板以激活该面板，如图1-5所示。

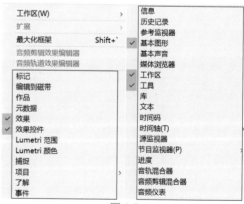

图 1-5

1.2 Premiere Pro 2022 常用面板

Premiere Pro 2022中常用的面板有【项目】面板、【时间轴】面板、【工具】面板、【节目监视器】面板、【效果】面板、【效果控件】面板、【基本图形】面板、【文本】面板和【信息】面板。

1.2.1 【项目】面板

【项目】面板用于创建、导入、查找、整理和预览剪辑。【项目】面板如图1-6所示。

图 1-6

1.2.2 【时间轴】面板

【时间轴】面板是Premiere Pro的核心面板，该面板包含了视频轨道和音频轨道。在该面板中可以创建图形、剪辑编辑素材、添加文字和效果等。【时间轴】面板如图1-7所示。

图 1-7

1.2.3 【工具】面板

【工具】面板包含了【选择工具】、【向前选择轨道工具】组、【波纹编辑工具】组、【剃刀工具】、【外滑工具】组、【钢笔工具】组、【手形工具】组和【文字工具】组。用户可以使用该面板中的工具，在【时间轴】面板和【节目监视器】面板中编辑剪辑素材和制作合适的图形及效果。【工具】面板如图1-8所示。

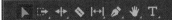

图 1-8

1.2.4 【节目监视器】面板

【节目监视器】面板用于显示和查看素材及添加的效果等。【节目监视器】面板如图1-9所示。

图 1-9

1.2.5 【效果】面板

【效果】面板提供了丰富的预设及音频、视频效果和过渡。用户利用该面板可以将合适的效果添加到素材上，还可以改变素材的色调和颜色、操控声音、扭曲图像、增添艺术效果等。【效果】面板如图1-10所示。

图 1-10

1.2.6 【效果控件】面板

【效果控件】面板主要用于控制对象的运动、不透明度和时间重映射。用户修改属性参数可以控制和调整素材所能产生的效果。【效果控件】面板如图1-11所示。

3

图 1-11

1.2.7 【基本图形】面板

【基本图形】面板不仅可以用于创建图形、文字，还可以将软件自带的或安装的动态图形模板直接添加到【时间轴】面板中。【基本图形】面板如图1-12所示。

图 1-12

1.2.8 【文本】面板

【文本】面板可以用于创建字幕以及转录序列。【文本】面板如图1-13所示。

图 1-13

1.2.9 【信息】面板

【信息】面板可以用于查看当前选中素材的属性。【信息】面板如图1-14所示。

图 1-14

1.3 Premiere Pro 2022 创作常用流程

本节讲解使用Premiere Pro 2022创作作品的常用流程。

1.3.1 新建项目

在菜单栏中执行【文件】→【新建】→【项目】命令，如图1-15所示。

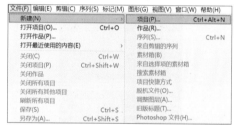

图 1-15

在打开的【新建项目】对话框中设置项目的名称及位置，如图1-16所示。

图 1-16

1.3.2 导入素材

在菜单栏中执行【文件】→【导入】命令（或按Ctrl+I组合键），如图1-17所示。

图 1-17

在打开的【导入】对话框中选中素材，接着单击【打开】按钮，如图1-18所示。

图 1-18

1.3.3　新建序列

将【项目】面板中的01.mp4素材文件拖曳到【时间轴】面板中，此时创建一个与01.mp4素材文件等大的序列，如图1-19所示。

图 1-19

此时【节目监视器】面板中的画面效果如图1-20所示。

图 1-20

将【项目】面板中的01.mp4和02.mov素材文件分别拖曳到【时间轴】面板中的V2和V3轨道上，如图1-21所示。

图 1-21

1.3.4　编辑素材

在【时间轴】面板中选中V1、V2轨道上的素材，单击鼠标右键，在弹出的快捷菜单中执行【速度/持续时间】命令，如图1-22所示。

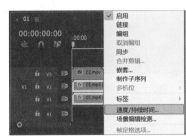

图 1-22

在打开的【剪辑速度/持续时间】对话框中设置【持续时间】为10秒，单击【确定】按钮，如图1-23所示。

图 1-23

5

在【效果】面板中搜索【查找边缘】效果并拖曳到V2轨道的素材上，如图1-24所示。继续在【效果】面板中搜索【Brightness & Contrast】和【轨道遮罩键】效果并拖曳到V2轨道的素材上。

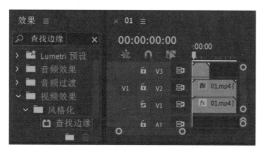

图 1-24

在【时间轴】面板中选中V2轨道上的素材，在【效果控件】面板中展开添加的效果并设置合适的参数，如图1-25所示。

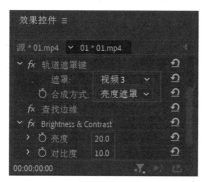

图 1-25

至此，该视频制作完成，滑动时间线，画面效果如图1-26所示。

图 1-26

1.3.6　渲染输出

在菜单栏中执行【文件】→【导出】→【媒体】命令（或按Ctrl+M组合键），如图1-27所示。

图 1-27

在打开的【导出设置】对话框中展开右侧的【导出设置】，设置合适的格式、输出名称，设置完成后单击【导出】按钮，如图1-28所示。

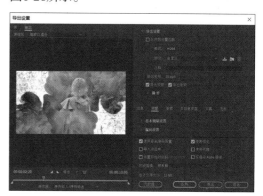

图 1-28

此时进行渲染输出，如图1-29所示。

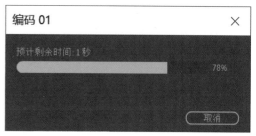

图 1-29

渲染完成后，在刚刚保存的路径下可查看输出的文件，如图1-30所示。

图 1-30

1.4 课后习题

1 选择题

1. 关于Premiere界面中的面板，下列叙述中错误的是（ ）。

   A. 可以打开或关闭当前面板

   B. 可以移动该面板到界面的其他位置

   C. 可以调大或调小当前面板

   D. 不可以改变面板的位置

2. 以下哪些面板不是Premiere的面板？（ ）

   A. 【项目】面板

   B. 【效果】面板

   C. 【文本】面板

   D. 【跟踪器】面板

2 填空题

1. 在Premiere中可以按 _____ 组合键导入素材。

2. Premiere的【时间轴】面板中包括 _____ 轨道和 _____ 轨道。

3 判断题

1. 在【项目】面板中可以存储素材、新建文件夹。 （ ）

2. 【效果】面板和【效果控件】面板是同一个面板。 （ ）

课后实战

- 导入素材、编辑素材并输出视频

作业要求：导入任意图片或视频，对素材进行简单编辑，然后将其输出为视频格式的文件。

第2章

视频剪辑

视频剪辑是对视频进行线性编辑的一种方式。在 Premiere 中剪辑是很重要的操作，用户可以通过剪辑将图片、视频、音频素材进行分割、合并，以及拼接和重组，即通过二次编辑完成一个新的连贯、流畅的作品。

本章要点

 能力目标

❖ 认识视频剪辑

❖ 熟悉剪辑工具

❖ 掌握剪辑方法

2.1 认识视频剪辑

视频剪辑是指把不同的视频进行剪断、删除、拼接起来变成一个完整视频的过程。其中，视频中最小的单位为帧。

2.2 剪辑工具

Premiere中与剪辑相关的工具主要包括剃刀工具 、向前/向后选择轨道工具 、持续时间工作组 （波纹编辑/滚动编辑/比率拉伸工具）、滑动工具组 （外滑/内滑工具），如图2-1所示。

图 2-1

2.2.1 剃刀工具

导入任意视频素材，并拖曳到【时间轴】面板中创建与素材等大的序列，如图2-2所示。

图 2-2

在【时间轴】面板中将时间线滑动至合适位置，如图2-3所示。

图 2-3

单击【工具】面板中的 （剃刀工具）按钮（快捷键为C），接着在【时间轴】面板的当前时间线位置上单击，以将素材进行分割，如图2-4所示。

图 2-4

将【时间码】设置为10秒，此时时间线在时间轴中自动定位到10秒位置，如图2-5所示。

图 2-5

在【时间轴】面板中选中V1轨道右边的素材，按Ctrl+K组合键在当前时间线位置将素材进行分割，如图2-6所示。

图 2-6

此时在当前10秒位置将素材进行分割，如图2-7所示。（注意：在使用剃刀工具时，若按住Shift键可以将音频分割。）

图 2-7

2.2.2 轨道工具组

在剪辑和编辑素材时，用户可以使用轨道工具组中的工具快速、便捷地选择需要编辑的素材。轨道工具组包括【向前选择轨道

9

工具】和【向后选择轨道工具】，如图2-8所示。

图 2-8

1. 向前选择轨道工具

在【工具】面板中单击 ⇥ （向前选择轨道工具）按钮，如图2-9所示。

图 2-9

在【时间轴】面板中将鼠标指针定位到合适位置，如图2-10所示。

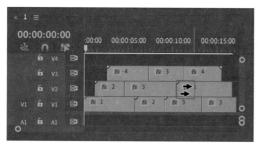

图 2-10

此时在当前位置单击，可以将鼠标指针右侧所有轨道上的素材选中，如图2-11所示。

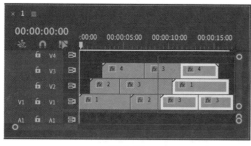

图 2-11

若在按住Shift键的同时单击素材，则只能选中当前轨道上的素材，如图2-12所示。

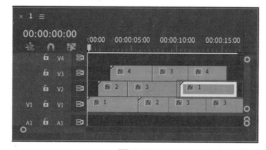

图 2-12

2. 向后选择轨道工具

在【工具】面板中长按 ⇥ （向前选择轨道工具）按钮，在弹出的子菜单中单击 ⇤ 【向后选择轨道工具】按钮，如图2-13所示。

图 2-13

在【时间轴】面板中将鼠标指针定位到合适位置，如图2-14所示。

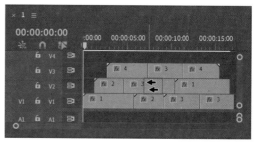

图 2-14

此时在当前位置单击，可以将鼠标指针左侧所有轨道上的素材选中，如图2-15所示。

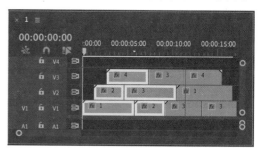

图 2-15

2.2.3 持续时间工具组

用户可以使用持续时间工具组中的工具调整素材的持续时间与速率。持续时间工具组包括【波纹编辑工具】、【滚动编辑工具】和【比率拉伸工具】，如图2-16所示。

图 2-16

1. 波纹编辑工具

波纹编辑工具可以改变当前素材的持续

时间，但随着素材持续时间的改变，总持续时间也会随之改变。

导入素材，并将其拖曳到【时间轴】面板中，此时【时间轴】面板如图2-17所示。

图 2-17

在【项目】面板中选中序列1，在【信息】面板中查看总持续时间，如图2-18所示。

图 2-18

在【工具】面板中单击■（波纹编辑工具）按钮，如图2-19所示。

图 2-19

在【时间轴】面板中选中V1轨道上的素材1，接着在素材1结尾处单击并向左侧拖曳，如图2-20所示。

图 2-20

拖曳到合适位置后释放鼠标左键，此时【时间轴】面板中素材1的长度发生了变化，如图2-21所示。

图 2-21

在【项目】面板中选中序列1，在【信息】面板中查看总持续时间，此时持续时间发生变化，如图2-22所示。

图 2-22

2．滚动编辑工具

滚动编辑工具可以改变当前素材的持续时间，但总持续时间不变。使用该工具的前提是将素材文件进行剪辑。在【工具】面板中长按■（波纹编辑工具）按钮，在弹出的子菜单中单击选择【滚动编辑工具】，即可启用该工具，如图2-23所示。

图 2-23

将时间线滑动到合适位置，选中素材1并按Ctrl+K组合键进行分割，接着选中素材1的后半部分按Shift+Delete组合键进行波纹删除，如图2-24所示。

图 2-24

将时间线滑动到结束位置，此时总持续时间为27秒08帧，如图2-25所示。

图 2-25

在【工具】面板中单击 ⬚（波纹编辑工具）→【滚动编辑工具】按钮，如图2-26所示。

图 2-26

在【时间轴】面板中选中V1轨道上的素材1，接着在素材尾部单击并向右拖曳，拖曳到合适位置后释放鼠标左键，如图2-27所示。

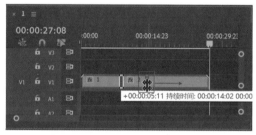

图 2-27

将时间线滑动到结束位置，此时总持续时间未发生改变，如图2-28所示。

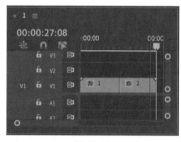

图 2-28

3. 比率拉伸工具

比率拉伸工具可以调整素材的播放速度来改变素材的持续时间。

在【工具】面板中长按 ⬚（波纹编辑工具）按钮，在弹出的子菜单中单击选择【比率拉伸工具】，如图2-29所示。

图 2-29

在【时间轴】面板中选中V1轨道上的素材1，接着在素材尾部单击并向左拖曳，拖曳到合适位置后释放鼠标左键，如图2-30所示。

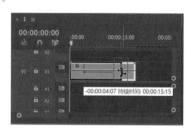

图 2-30

此时在【时间轴】面板中查看素材1的播放速度为127.31%，如图2-31所示。

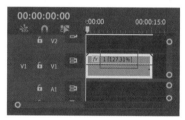

图 2-31

2.2.4 滑动工具组

在Premiere中，用户可以使用滑动工具组中的工具改变素材的入点和出点。在使用滑动工具时，用户可以在【节目监视器】面板中查看新的入点和出点，如图2-32所示。

图 2-32

滑动工具组包括【外滑工具】和【内滑工具】，在【工具】面板中长按▐◀▐（滑动工具组）按钮，在弹出的子菜单中即可选择【外滑工具】或【内滑工具】，如图2-33所示。

图 2-33

1. 外滑工具

外滑工具（快捷键为Y）是在保持素材原有持续时间不变的前提下改变剪辑的入点和出点。使用外滑工具的前提是将素材文件进行剪辑。

导入素材，并拖曳到【时间轴】面板中，创建与素材等大的序列，此时滑动时间线，画面效果如图2-34所示。

图 2-34

将时间线滑动到5秒位置，在英文输入法状态下按Q键，将时间线左边的素材进行波纹剪辑，如图2-35所示。

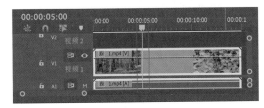

图 2-35

继续将时间线滑动到5秒位置，在英文输入法状态下按W键，将时间线右边的素材进行波纹剪辑，如图2-36所示。

图 2-36

此时画面效果如图2-37所示。

图 2-37

单击【工具】面板中的【外滑工具】按钮，接着在【时间轴】面板中选中素材并向左拖曳，如图2-38所示。

图 2-38

在【时间轴】面板中选中素材，查看素材的持续时间，发现持续时间并没有发生改变，如图2-39所示。

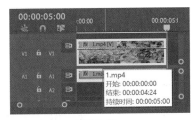

图 2-39

此时滑动时间线，画面效果如图2-40所示。

图 2-40

2. 内滑工具

内滑工具（快捷键为U）是在保持选中素材的入点和出点不变的前提下改变相邻素材的持续时间。

在【工具】面板中长按 （滑动工具）按钮，在弹出的子菜单中单击【内滑工具】按钮，如图2-41所示。

图 2-41

在【时间轴】面板中选中V2轨道上的素材3，并按住鼠标左键向左拖曳，如图2-42所示。

图 2-42

此时选中素材2，查看素材2的结束时间与持续时间，发现这些时间已发生改变，如图2-43所示。

图 2-43

2.2.5 其他剪辑工具

在Premiere中，除使用【工具】面板中的工具剪辑和编辑素材外，还可以选择【波纹删除】命令和【取消链接】命令。

1. 波纹删除

【波纹删除】命令可以结合【剃刀工具】将素材进行剪辑，并将素材中不需要的部分删除。

导入素材，并将【项目】面板中的素材拖曳到【时间轴】面板中，如图2-44所示。

图 2-44

单击【工具】面板中的 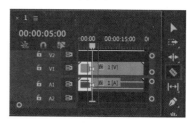（剃刀工具）按钮，接着在【时间轴】面板中将时间线滑动到5秒位置，在当前位置素材上单击将素材分割，如图2-45所示。

图 2-45

在【时间轴】面板中选中被分割素材的前段素材，接着单击鼠标右键，在弹出的快捷菜单中选择【波纹删除】命令，如图2-46所示。

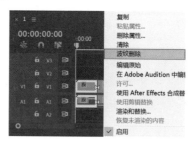

图 2-46

将【时间码】设置为7秒，按Ctrl+K组合键将素材分割，如图2-47所示，继续使用同样的方法在12秒位置将素材分割。

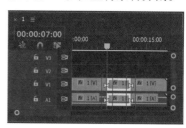

图 2-47

在【时间轴】面板中选中7～12秒的素材，按Shift+Delete组合键进行波纹删除，如图2-48所示。

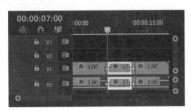

图 2-48

2. 取消链接

【取消链接】命令可以将带有音视频素材文件的音频和视频分离并形成各自单独的音频和视频。

导入素材，并将【项目】面板中的素材1拖曳到【时间轴】面板中，如图2-49所示。

图 2-49

在【时间轴】面板中选中V1轨道的素材1，接着单击鼠标右键，在弹出的快捷菜单中选择【取消链接】命令，如图2-50所示。

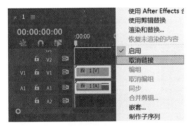

图 2-50

在【时间轴】面板中选中A1轨道的音频素材，按Delete键删除，如图2-51所示。

图 2-51

继续将【项目】面板中的素材2拖曳到【时间轴】面板中V1轨道的素材1右边，如图2-52所示。

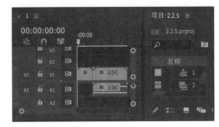

图 2-52

在按住Alt键的同时单击【时间轴】面板中V1轨道上素材2的视频部分，如图2-53所示。

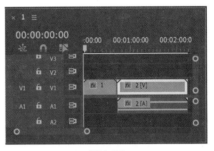

图 2-53

接着按Delete键将素材2的视频部分删除，如图2-54所示。

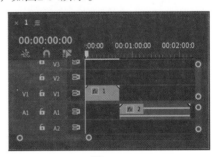

图 2-54

2.3 标记

在编辑素材时，用户可以为素材某一帧或某一段持续时间添加标记。添加标记有利于方便且快捷地定位素材位置、排列和编辑素材，但不能改变视频的效果。

导入素材，将【项目】面板中的1.mp4素材文件拖曳到【时间轴】面板中，如图2-55所示。

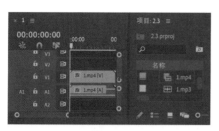

图 2-55

在【时间轴】面板中按住Alt键的同时单击A1轨道上的音频素材（见图2-56），接着按Delete键删除。

图 2-56

将【项目】面板中的1.mp3素材文件拖曳到【时间轴】面板中的A1轨道上，如图2-57所示。

图 2-57

在【时间轴】面板中选中A1轨道上的1.mp3素材文件，接着将【时间码】设置为13秒16帧，在当前位置按Ctrl+K组合键将素材分割（见图2-58），并选中后半部分音频，按Delete键删除。

图 2-58

将时间线滑动到合适位置，在英文输入状态下按M键，在当前位置添加一个标记（或者播放素材在合适位置按M键添加标

记），如图2-59所示。

图 2-59

继续使用同样的方法，在合适位置添加标记，如图2-60所示。

图 2-60

提示：

在【时间轴】面板中双击添加的标记，在打开的【标记】对话框中可以设置标记的【名称】、【持续时间】、【注释】和【标记颜色】，如图2-61所示。在当前标记对话框中单击【上一个】按钮或【下一个】按钮，可以跳转到上一个或者下一个标记上；用户还可以单击【删除】按钮删除当前标记。

图 2-61

2.4 多机位剪辑

多机位剪辑可以将多个镜头进行同步切换，相互衔接。

方法一：

导入素材，并在【项目】面板中选中所有素材，接着单击鼠标右键，在弹出的快捷菜单中选择【创建多机位源序列】命令，如图2-62所示。

图 2-62

在打开的【创建多机位源序列】对话框中设置合适的参数，如图2-63所示。

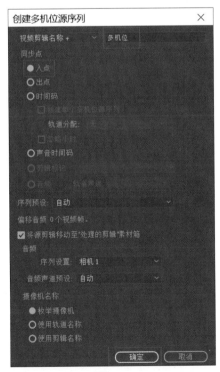

图 2-63

此时在【项目】面板中创建了一个多机

位源，将其拖曳到【时间轴】面板中，如图2-64所示。

图 2-64

在【节目监视器】面板的快捷工具栏中单击 🔲（切换多机位视图）按钮，此时【节目监视器】面板的视图效果如图2-65所示。

图 2-65

提示：

如果在【节目监视器】面板的快捷工具栏中没有找到【切换多机位视图】按钮，则可以单击【节目监视器】面板右下角的 ➕（按钮编辑器）按钮，在打开的【按钮编辑器】对话框中单击【切换多机位视图】按钮，如图2-66所示，并将其拖曳到【节目监视器】面板中的快捷工具栏中。

图 2-66

方法二：

导入素材，并将【项目】面板中的素材拖曳到【时间轴】面板中，如图2-67所示。

图 2-67

在【时间轴】面板中选中所有轨道上的素材，接着单击鼠标右键，在弹出的快捷菜单中选择【嵌套】命令，如图2-68所示。

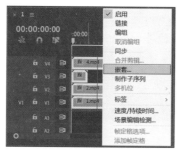

图 2-68

在打开的【嵌套序列名称】对话框中设置合适的名称，接着单击【确定】按钮，如图2-69所示。

图 2-69

此时【时间轴】面板如图2-70所示。

图 2-70

在【节目监视器】面板右下角单击🔧（设置）按钮，在弹出的菜单中执行【多机位】命令，如图2-71所示。

图 2-71

此时【节目监视器】面板中的视图效果如图2-72所示。

图 2-72

在【时间轴】面板中选中嵌套序列01，接着单击鼠标右键，在弹出的快捷菜单中选择【多机位】→【启用】命令，如图2-73所示。

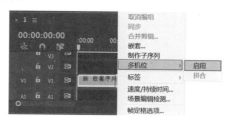

图 2-73

此时【节目监视器】面板中的视图效果如图2-74所示。

图 2-74

Premiere Pro 2022
影视编辑与特效制作案例教程（全彩慕课版）

提示：

在【节目监视器】面板右下角单击
(设置) 按钮，在弹出的菜单中选择
【编辑摄像机】命令，如图2-75所示。

图 2-75

在打开的【编辑摄像机】对话框中
上下拖动摄像机可以调整摄像机的顺
序，如图2-76所示。

图 2-76

在【节目监视器】面板中单击【播放】
按钮，进行播放预览，并在合适位置单击合
适的摄像机进行切换，如图2-77所示。

图 2-77

此时滑动时间线，画面效果如图2-78
所示。

图 2-78

2.5 实操：剪辑风景类视频

文件路径：资源包\案例文件\第2章
视频剪辑\实操：剪辑风景类视频

在本案例中使用【速度/持续时间】命
令修改素材文件的播放速度，使用【白场
过渡】、【Wipe】、【交叉溶解】、【Slide】、
【黑场过渡】效果制作画面过渡效果，使用
【Lumetri 颜色】效果调整画面整体颜色。案
例效果如图2-79所示。

图 2-79

2.5.1 项目诉求

本案例是以"风景"为主题的短视频宣
传项目。要求视频具有不同季节的风景，且
能够表现不同季节下风景变化的效果。

2.5.2 设计思路

本案例以不同季节下的云雾与水流为基
本设计思路，为多种风景视频设置合适时间
段与播放速度制作视频效果。

2.5.3 配色方案

风格：本案例采用暖色作为整个画面的
颜色的风格，以朦胧感给人更柔和的画面
效果。

19

2.5.4 项目实战

操作步骤：

1. 剪辑视频

（1）新建项目、导入文件。执行【文件】→【新建】→【项目】命令，新建一个项目。接着执行【文件】→【导入】命令，导入全部素材。在【项目】面板中将01.mp4素材拖曳到【时间轴】面板中的V1轨道上，此时在【项目】面板中自动生成一个与01.mp4素材文件等大的序列，如图2-80所示。

图 2-80

（2）滑动时间线，此时画面效果如图2-81所示。

图 2-81

（3）在【时间轴】面板中用鼠标右键单击V1轨道上的01.mp4素材文件，在弹出的快捷菜单中选择【速度/持续时间】命令，如图2-82所示。

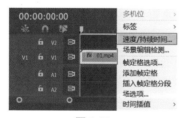

图 2-82

（4）在打开的【剪辑速度/持续时间】对话框中设置【速度】为200%，接着单击【确定】按钮，如图2-83所示。

图 2-83

（5）将时间线滑动到5秒位置，在【时间轴】面板中选择01.mp4素材文件并按Ctrl+K组合键进行裁剪，如图2-84所示。

图 2-84

（6）在【时间轴】面板中单击V1轨道上5秒右边的01.mp4素材文件，按Delete键删除，如图2-85所示。

图 2-85

（7）在【项目】面板中将02.mp4素材文件拖曳到【时间轴】面板中V1轨道上01.mp4素材文件右边，如图2-86所示。

图 2-86

（8）在【时间轴】面板中用鼠标右键单击V1轨道上的02.mp4素材文件，在弹出的

Premiere Pro 2022 影视编辑与特效制作案例教程（全彩慕课版）

快捷菜单中选择【速度/持续时间】命令，如图2-87所示。

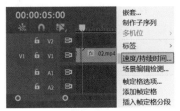

图2-87

（9）在打开的【剪辑速度/持续时间】对话框中设置【持续时间】为3秒，接着单击【确定】按钮，如图2-88所示。

图2-88

（10）在【时间轴】面板中单击V1轨道上的02.mp4素材文件，在【效果控件】面板中展开【运动】，设置【缩放】为109.0，如图2-89所示。

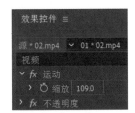

图2-89

（11）滑动时间线，此时画面效果如图2-90所示。

图2-90

（12）在【项目】面板中将03.mp4拖曳到V1轨道上的8秒位置，如图2-91所示。

图2-91

（13）此时03.mp4素材文件画面效果如图2-92所示。

图2-92

（14）在【时间轴】面板中用鼠标右键单击V1轨道上的03.mp4素材文件，在弹出的快捷菜单中选择【取消链接】命令，如图2-93所示。

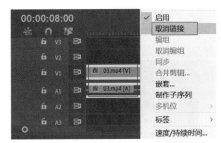

图2-93

（15）在【时间轴】面板中单击A1轨道上03.mp4素材文件的音频素材，按Delete键删除，如图2-94所示。

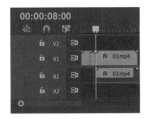

图2-94

（16）在【时间轴】面板中用鼠标右键单击V1轨道上的03.mp4素材文件，在弹出的快捷菜单中选择【显示剪辑关键帧】→

21

【时间重映射】→【速度】命令，如图2-95所示。

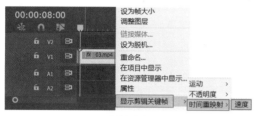

图 2-95

（17）在【时间轴】面板中双击V1轨道的空白位置，分别将时间线滑动至8秒00帧、11秒05帧、26秒09帧、31秒03帧位置，按住Ctrl键并单击速率线，如图2-96所示。

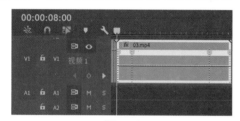

图 2-96

（18）在【时间轴】面板中将V1轨道上的03.mp4素材文件中间的速率线向上拖曳到544.00%，如图2-97所示。

图 2-97

（19）在【时间轴】面板中将V1轨道上的03.mp4素材文件的第三个速率线向上拖曳到130.00%，如图2-98所示。

图 2-98

（20）在【时间轴】面板中双击V1轨道的空白位置，然后单击V1轨道上的03.mp4素材文件，在【效果控件】面板中展开【运动】，设置【缩放】为55.0，如图2-99所示。

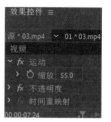

图 2-99

（21）在【效果】面板中搜索【Lumetri颜色】并拖曳到【时间轴】面板中V1轨道的03.mp4素材上，如图2-100所示。

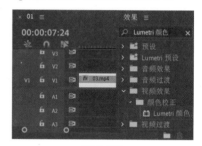

图 2-100

（22）在【时间轴】面板中单击V1轨道上的03.mp4素材文件，在【效果控件】面板中展开【Lumetri 颜色】→【基本校正】→【白平衡】，设置【色温】为30.0，【色彩】为20.0，如图2-101所示。

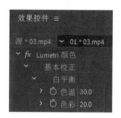

图 2-101

此时03.mp4素材文件画面效果如图2-102所示。

图 2-102

Premiere Pro 2022 影视编辑与特效制作案例教程（全彩慕课版）

（23）在【项目】面板中将04.mp4素材文件拖曳到【时间轴】面板中V1轨道上03.mp4素材文件右边，如图2-103所示。

图 2-103

（24）将时间线滑动至22秒位置，在【时间轴】面板中选择V1轨道上的04.mp4素材并按Ctrl+K组合键进行裁剪，如图2-104所示。

图 2-104

（25）在【时间轴】面板中单击V1轨道上22秒右边的04.mp4素材文件，按Delete键删除，如图2-105所示。

图 2-105

（26）在【时间轴】面板中选择04.mp4素材文件，在【效果控件】面板中展开【运动】，设置【缩放】为108.0，如图2-106所示。

图 2-106

（27）滑动时间线，此时画面效果如图2-107所示。

图 2-107

2．增加效果

（1）在【效果】面板中搜索【白场过渡】，将该效果拖曳到V1轨道上01.mp4素材文件的起始时间位置，如图2-108所示。

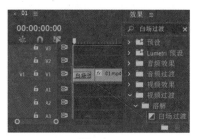

图 2-108

（2）在【效果】面板中搜索【Wipe】，将该效果拖曳到V1轨道上02.mp4素材文件的起始时间位置，如图2-109所示。

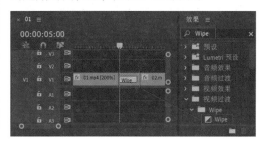

图 2-109

（3）在【效果】面板中搜索【交叉溶解】，将该效果拖曳到V1轨道上02.mp4素材文件的结束时间与03.mp4素材文件的起始时间位置，如图2-110所示。

图 2-110

（4）在【效果】面板中搜索【Slide】，将该效果拖曳到V1轨道上03.mp4素材文件的结束时间与04.mp4素材文件的起始时间位置，如图2-111所示。

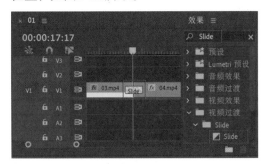

图 2-111

（5）在【效果】面板中搜索【黑场过渡】，将该效果拖曳到V1轨道上04.mp4素材文件的结束时间位置，如图2-112所示。

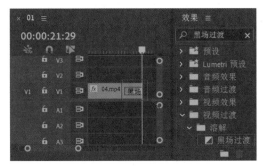

图 2-112

（6）滑动时间线，此时画面效果如图2-113所示。

图 2-113

（7）在【项目】面板中将配乐.mp3素材文件拖曳到【时间轴】面板中的A1轨道上，如图2-114所示。

图 2-114

（8）将时间线滑动至22秒位置，在【时间轴】面板中选择A1轨道上的配乐.mp3素材文件，并按Ctrl+K组合键进行裁剪，如图2-115所示。

图 2-115

（9）在【时间轴】面板中单击A1轨道上22秒右边的配乐.mp3素材文件，按Delete键删除，如图2-116所示。

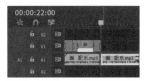

图 2-116

（10）在【项目】面板中用鼠标右键单击空白区域，在弹出的快捷菜单中选择【新建项目】→【调整图层】命令，如图2-117所示。

图 2-117

（11）在打开的【调整图层】对话框中单击【确定】按钮，如图2-118所示。

图 2-118

（12）在【项目】面板中将调整图层拖曳到【时间轴】面板中的V2轨道上，如图2-119所示。

图 2-119

（13）将【时间轴】面板中V2轨道上调整图层的结束时间设置为22秒，如图2-120所示。

图 2-120

（14）在【效果】面板中搜索【Lumetri颜色】，并将该效果拖曳到【时间轴】面板中V2轨道的调整图层上，如图2-121所示。

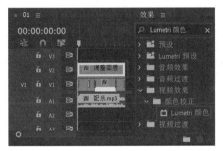

图 2-121

（15）在【时间轴】面板中单击V2轨道上的调整图层文件，在【效果控件】面板中展开【Lumetri颜色】→【基本校正】→【白平衡】，设置【色温】为30.0，【色彩】为16.0，如图2-122所示。

图 2-122

（16）至此，本案例制作完成，滑动时间线，效果如图2-123所示。

图 2-123

2.6 实操：剪辑饮品视频

文件路径：资源包\案例文件\第2章视频剪辑\实操：剪辑饮品视频

本案例使用W键裁剪视频持续时间，并添加关键帧和设置合适的参数来制作动画效果。案例效果如图2-124所示。

图 2-124

2.6.1 项目诉求

本案例是以"制作饮品"为主题的短视频宣传项目。要求剪辑出饮品的制作过程，并且画面镜头要美观、给人舒适感。

2.6.2 设计思路

本案例以制作饮品的过程为基本设计思路，采用多种视角通过设置合适的时间段来制作饮品制作过程的视频。

2.6.3 配色方案

风格：本案例采用高饱和色彩作为整个视频的颜色的风格。高饱和色彩能给人强烈的视觉冲击和美味感。

25

2.6.4 项目实战

操作步骤：

（1）新建序列。执行【文件】→【新建】→【项目】命令，新建一个项目。然后执行【文件】→【新建】→【序列】命令，在【新建序列】对话框中单击【设置】按钮，在打开的【序列设置】对话框中设置【编辑模式】为【自定义】，【时基】为25.00帧/秒，【帧大小】为1920，【水平】为1080，【像素长宽比】为方形像素（1.0），如图2-125所示。

图 2-125

（2）执行【文件】→【新建】→【项目】命令，新建一个项目。执行【文件】→【导入】命令，导入全部素材。在【项目】面板中选择1.mp4素材文件，并将其拖曳到【时间轴】面板中的V1轨道上，如图2-126所示，然后在打开的【剪辑不匹配警告】对话框中单击【保持现有设置】。

图 2-126

（3）此时画面效果如图2-127所示。

图 2-127

（4）将时间线滑动至5秒位置，单击选择1.mp4素材文件，并按W键进行波纹修剪，如图2-128所示。

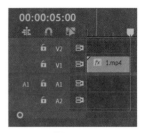

图 2-128

（5）在【时间轴】面板中选择V1轨道上的1.mp4素材文件，在【效果控件】面板中展开【运动】，设置【缩放】为90.0，将时间线滑动至起始时间位置，单击【位置】左边的 （切换动画）按钮，设置【位置】为（960.0,1200.0），如图2-129所示。接着将时间线滑动至4秒24帧位置，设置【位置】为（960.0,-170.0）。

图 2-129

（6）在【项目】面板中选择2.mp4素材文件，并将其拖曳到【时间轴】面板中V1轨道的5秒位置，如图2-130所示。

图 2-130

（7）将时间线滑动至7秒位置，在【时间轴】面板中单击2.mp4素材文件，并按W键进行波纹修剪，如图2-131所示。

Premiere Pro 2022 影视编辑与特效制作案例教程（全彩慕课版）

图 2-131

（8）在【项目】面板中选择3.mp4素材文件，并将其拖曳到【时间轴】面板中V1轨道的7秒位置，如图2-132所示。

图 2-132

（9）将时间线滑动至9秒位置，在【时间轴】面板中单击3.mp4素材文件，并按W键进行波纹修剪，如图2-133所示。

图 2-133

（10）在【项目】面板中选择4.mp4素材文件，并将其拖曳到【时间轴】面板中V1轨道的9秒位置，如图2-134所示。

图 2-134

（11）滑动时间线，此时画面效果如图2-135所示。

图 2-135

（12）在【项目】面板中选择5.mp4素材文件，并将其拖曳到【时间轴】面板中V1轨道的20秒位置，如图2-136所示。

图 2-136

（13）将时间线滑动至22秒位置，在【时间轴】面板中单击5.mp4素材文件，并按W键进行波纹修剪，如图2-137所示。

图 2-137

（14）在【时间轴】面板中选择V1轨道上的5.mp4素材文件，在【效果控件】面板中展开【运动】，设置【缩放】为180.0，将时间线滑动至20秒01帧位置，单击【位置】左边的 （切换动画）按钮，设置【位置】为（960.0,940.0）。接着将时间线滑动至22秒位置，设置【位置】为（960.0,570.0），如图2-138所示。

图 2-138

（15）在【项目】面板中选择6.mp4素材文件，并将其拖曳到【时间轴】面板中V1轨道的22秒位置，如图2-139所示。

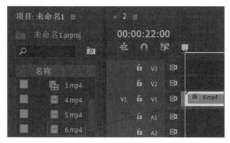

图 2-139

（16）将时间线滑动至25秒位置，在【时间轴】面板中单击6.mp4素材文件，并按W键进行波纹修剪，如图2-140所示。

图 2-140

（17）在【项目】面板中选择配乐.mp3素材文件，并将其拖曳到【时间轴】面板中的A1轨道上，如图2-141所示。

图 2-141

（18）在【时间轴】面板中选择A1轨道上的配乐.mp3素材文件，在【效果控件】面板中展开【音量】，设置【级别】为-16.0dB，

接着单击 ◼◇◼（删除关键帧）按钮，如图2-142所示。

图 2-142

（19）此时本案例制作完成，滑动时间线，画面效果如图2-143所示。

图 2-143

2.7 扩展练习：剪辑郊游Vlog

文件路径：资源包\案例文件\第2章视频剪辑\扩展练习：剪辑郊游Vlog

本案例应用W键修剪视频，使用【速度/持续时间】命令调整视频的播放速度，并设置合适的过渡效果，再使用【调整图层】命令与【Lumetri 颜色】调整画面颜色。案例效果如图2-144所示。

图 2-144

Premiere Pro 2022 影视编辑与特效制作案例教程（全彩慕课版）

2.7.1 项目诉求

本案例是以"薰衣草郊游"为主题的短视频宣传项目。要求视频能够突出薰衣草地，且表现人物在薰衣草地郊游的场景。

2.7.2 设计思路

本案例以在薰衣草地游玩的过程为基本设计思路，采用多种视角通过设置合适的时间段来制作薰衣草地郊游的视频。

2.7.3 配色方案

风格：本案例采用唯美色调作为整个视频的颜色风格。唯美色调给人朦胧感，使画面既具有视觉层次感，又不缺柔和感。

2.7.4 项目实战

操作步骤：

（1）新建项目、导入文件。执行【文件】→【新建】→【项目】命令，新建一个项目。接着执行【文件】→【导入】命令，导入全部素材。在【项目】面板中将1.mp4素材文件拖曳到【时间轴】面板中的V1轨道上，此时在【项目】面板中自动生成一个与1.mp4素材文件等大的序列，如图2-145所示。

图 2-145

（2）此时画面效果如图2-146所示。

图 2-146

（3）将时间线滑动至2秒位置，在【时间轴】面板中单击1.mp4素材文件，并按W键进行波纹修剪，如图2-147所示。

图 2-147

（4）在【项目】面板中选择2.mp4素材文件，并将其拖曳到【时间轴】面板中V1轨道2秒位置，如图2-148所示。

图 2-148

（5）将时间线滑动至4秒位置，在【时间轴】面板中单击2.mp4素材文件，并按W键进行波纹修剪，如图2-149所示。

图 2-149

（6）在【项目】面板中选择3.mp4素材文件，并将其拖曳到【时间轴】面板中V1轨道4秒位置，如图2-150所示。

图 2-150

（7）将时间线滑动至6秒位置，在【时间轴】面板中单击3.mp4素材文件，并按W键进行波纹修剪，如图2-151所示。

图 2-151

（8）在【项目】面板中选择4.mp4素材文件，并将其拖曳到【时间轴】面板中V1轨道6秒位置，如图2-152所示。

图 2-152

（9）在【时间轴】面板中用鼠标右键单击4.mp4素材文件，在弹出的快捷菜单中选择【速度/持续时间】命令，如图2-153所示。

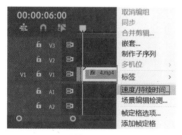

图 2-153

（10）在打开的【剪辑速度/持续时间】对话框中设置【速度】为160%，如图2-154所示。

图 2-154

（11）将时间线滑动至8秒位置，在【时间轴】面板中单击4.mp4素材文件，并按W键进行波纹修剪，如图2-155所示。

图 2-155

（12）在【项目】面板中选择5.mp4素材文件，并将其拖曳到【时间轴】面板中V1轨道8秒位置，如图2-156所示。

图 2-156

（13）在【时间轴】面板中用鼠标右键单击5.mp4素材文件，在弹出的快捷菜单中选择【速度/持续时间】命令，如图2-157所示。

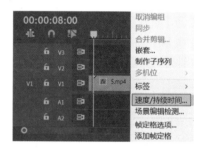

图 2-157

（14）在打开的【剪辑速度/持续时间】对话框中设置【速度】为150%，接着单击【确定】按钮，如图2-158所示。

图 2-158

（15）将时间线滑动至13秒位置，在【时间轴】面板中单击5.mp4素材文件，并按W键进行波纹修剪，如图2-159所示。

图 2-159

（16）在【效果】面板中搜索【Split】效果，接着将该效果拖曳到1.mp4素材文件的起始时间上，如图2-160所示。

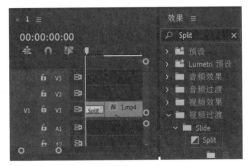

图 2-160

（17）将时间线滑动至2秒位置，在1.mp4和2.mp4两个素材之间单击鼠标右键，在弹出的快捷菜单中选择【应用默认过渡】命令，如图2-161所示。

图 2-161

（18）将时间线滑动至4秒位置，在2.mp4和3.mp4两个素材之间单击鼠标右键，在弹出的快捷菜单中选择【应用默认过渡】命令，如图2-162所示。

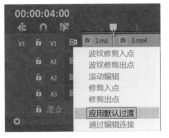

图 2-162

（19）将时间线滑动至6秒位置，在3.mp4和4.mp4两个素材之间单击鼠标右键，在弹出的快捷菜单中选择【应用默认过渡】命令，如图2-163所示。

图 2-163

（20）将时间线滑动至8秒位置，在4.mp4和5.mp4两个素材之间单击鼠标右键，在弹出的快捷菜单中选择【应用默认过渡】命令，如图2-164所示。

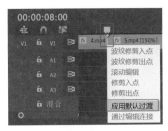

图 2-164

（21）在【效果】面板中搜索【Cross Zoom】效果，接着将该效果拖曳到5.mp4素材文件的结束时间位置，如图2-165所示。

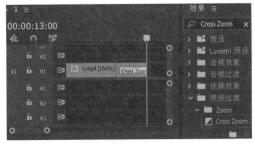

图 2-165

（22）滑动时间线，此时画面效果如图2-166所示。

图 2-166

（23）在【项目】面板中用鼠标右键单击空白位置，在弹出的快捷菜单中选择【新建项目】→【调整图层】命令，如图2-167所示。

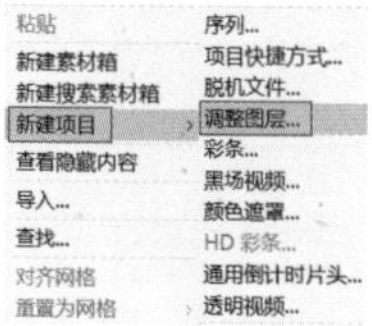

图 2-167

（24）在打开的【调整图层】对话框中单击【确定】按钮，接着在【项目】面板中选择调整图层，并将其拖曳到【时间轴】面板中的V2轨道上，如图2-168所示。

图 2-168

（25）在【时间轴】面板中单击选择【调整图层】，接着将结束时间向右拖曳到与V1轨道视频结束时间相同的位置，如图2-169所示。

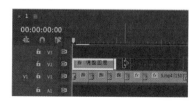

图 2-169

（26）在【效果】面板中搜索【Lumetri颜色】效果，接着将该效果拖曳到调整图层上，如图2-170所示。

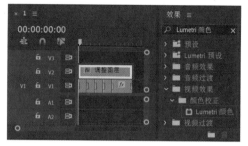

图 2-170

（27）在【时间轴】面板中选中V2轨道上的调整图层，在【效果控件】面板中展开【基本校正】→【白平衡】，设置【色温】为38.0，【色彩】为11.0，如图2-171所示。

图 2-171

（28）展开【色调】，设置【曝光】为0.2，【对比度】为9.0，【高光】为5.0，【阴影】为-13.0，【白色】为12.0，接着展开【创意】→【调整】，设置【淡化胶片】为41.0，如图2-172所示。

图 2-172

（29）将时间线滑动至25帧位置，在【工具】面板中单击 T （文字工具）按钮，在【节目监视器】面板中的合适位置输入合适的内容，如图2-173所示。

Premiere Pro 2022 影视编辑与特效制作案例教程（全彩慕课版）

图 2-173

（30）在【效果控件】面板中设置合适的【字体系列】和【字体样式】，设置【文字大小】为219，【对齐方式】为左对齐文本■与顶对齐文本■，【填充】为白色，展开【变换】，设置【位置】为（505.6,589.3），如图2-174所示。

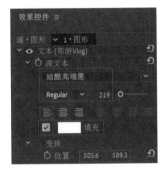

图 2-174

（31）在【时间轴】面板中设置文字图层的结束时间为2秒，如图2-175所示。

图 2-175

（32）在【项目】面板中选择配乐.mp3素材文件，并将其拖曳到【时间轴】面板中的A1轨道上，如图2-176所示。

图 2-176

（33）将时间线滑动至13秒位置，在【时间轴】面板中单击配乐.mp3素材文件并按Ctrl+K组合键进行裁剪，如图2-177所示。

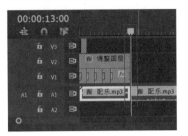

图 2-177

（34）在【时间轴】面板中单击选择时间线右边的配乐.mp3素材文件，按Delete键删除，如图2-178所示。

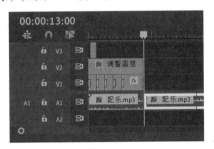

图 2-178

（35）此时本案例制作完成，滑动时间线，画面效果如图2-179所示。

图 2-179

2.8 课后习题

1 选择题

1. 在视频编辑中，最小的单位是（　　）。

A. 帧　　　　B. 秒

C. 分　　　　D. 小时

2. 剪辑时，哪种工具可以改变当前素材的持续时间，总持续时间不变？（　　）

A．波纹编辑工具

B．滚动编辑工具

C．比率拉伸工具

D．外滑工具

2 填空题

1．在视频剪辑时，按 ＿＿＿ 键并单击鼠标左键可以剪辑视频；只按 ＿＿＿ 组合键可以剪辑视频。

2．在使用剃刀工具时，按住＿＿＿键可以将音视频同时切割开。

3．用鼠标右键单击视频，在弹出的快捷菜单中执行＿＿＿命令，可以将素材的视频和音频分离。

3 判断题

1．在Premiere中，标记可以改变视频的效果。（　　）

2．【速度/持续时间】命令可以改变视频的时长和速度。（　　）

 课后实战

● **水果类视频宣传**

作业要求： 对任意几个水果视频进行剪辑、镜头组接，并添加动画、文字等，制作完整的水果类宣传视频。参考效果如图2-180所示。（注：本书的课后实战模块为开放性题目，不提供素材及文件，读者可以根据要求自行选择适合的素材练习）

图 2-180

Premiere Pro 2022

影视编辑与特效制作案例教程（全彩慕课版）

第3章

常用视频特效

视频效果是 Premiere 非常强大的一个功能，它不仅可以更改素材的风格、色调，也可以改善素材的质感，营造特定画面感觉，还可以通过合成制作复杂、梦幻、抽象、生动、炫酷的视频效果。

本章要点

⭐ 能力目标

❖ 熟悉视频效果

❖ 掌握视频效果的应用

3.1 认识视频效果

运用Premiere的视频效果，可以为素材添加多种特效，使其产生丰富的效果。（注意：在After Effects 中，一个图层上若添加了两个或多个视频效果时，更改这些视频效果的排列顺序，则可能出现不同的画面效果）

3.2 视频效果

Premiere包含二十多个视频效果组，将其中的效果添加到图层上，可以让图像产生扭曲变形、生成各种效果，还可以模拟自然现象等效果。视频效果组如图3-1所示。

图 3-1

3.2.1 变换效果组

变换效果组可以将素材进行翻转和裁剪，该效果组如图3-2所示。

图 3-2

常用效果解释如下。

垂直翻转：可以将素材上下翻转。

水平翻转：可以将素材左右翻转。

羽化边缘：可以将素材边缘变模糊。

裁剪：可以将素材从上、下、左、右方向修剪。

导入素材，接着在【效果】面板中搜索

【水平翻转】效果，并将该效果拖曳到素材上，如图3-3所示。

图 3-3

画面应用【水平翻转】效果前后的对比效果如图3-4所示。

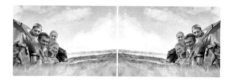

图 3-4

3.2.2 图像控制效果组

图像控制效果组可以更改素材中的颜色，该效果组如图3-5所示。

图 3-5

常用效果解释如下。

Color Pass：可以将素材中的颜色变为灰调。

Color Replace：可以改变素材中的指定颜色为新的颜色。

黑白：可以将素材中的颜色变为灰度。

导入素材，接着在【效果】面板中搜索【Color Replace】效果，并将该效果拖曳到素材上，如图3-6所示。

图 3-6

在【时间轴】面板中选中素材，在【效果控件】面板中展开【Color Replace】效果，并设置合适的参数，如图3-7所示。

图3-7

画面应用【Color Replace】效果前后的对比效果如图3-8所示。

图3-8

3.2.3 扭曲效果组

扭曲效果组可以将素材进行扭曲变形，该效果组如图3-9所示。

图3-9

常用效果解释如下。

偏移：可以将素材平移。

变换：可以为素材添加运动固定效果。

放大：可以将素材的指定位置放大。

旋转扭曲：可以将素材在指定位置旋转扭曲变形。

波形变形：可以让素材产生波形变形效果。

湍流置换：可以让素材产生随机扭曲效果。

球面化：可以让素材产生类似球面凸起的扭曲变形。

边角定位：可以通过4个顶点来改变素材形状。

镜像：可以将素材沿着指定中心进行复制翻转。

导入素材，接着在【效果】面板中搜索【旋转扭曲】效果，并将该效果拖曳到素材上，如图3-10所示。

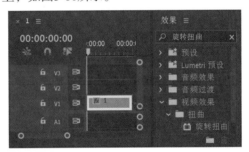

图3-10

在【时间轴】面板中选中素材，在【效果控件】面板中展开【旋转扭曲】效果，并设置合适的参数，如图3-11所示。

图3-11

画面应用【旋转扭曲】效果前后的对比效果如图3-12所示。

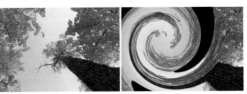

图3-12

3.2.4 时间效果组

时间效果组是更改素材时间属性来更改画面颜色效果，该效果组如图3-13所示。

图 3-13

常用效果解释如下。

残影：可以将视频素材中不同时间的帧混合，使图像产生运动重影效果。

色调分离时间：可以改变视频素材的帧速率。

导入素材，接着在【效果】面板中搜索【残影】效果，并将该效果拖曳到素材上，如图3-14所示。

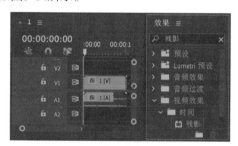

图 3-14

在【时间轴】面板中选中素材，在【效果控件】面板中展开【残影】效果，并设置合适的参数，如图3-15所示。

图 3-15

画面应用【残影】效果前后的对比效果如图3-16所示。

图 3-16

3.2.5 杂色与颗粒效果组

杂色与颗粒效果组可以为素材添加杂点，该效果组如图3-17所示。

图 3-17

该效果组只包括一个【杂色】效果。

杂色：可以为素材添加杂色。

导入素材，接着在【效果】面板中搜索【杂色】效果，并将该效果拖曳到素材上，如图3-18所示。

图 3-18

画面应用【杂色】效果前后的对比效果如图3-19所示。

图 3-19

3.2.6 模糊与锐化效果组

模糊与锐化效果组可以为图像制作各种模糊和锐化效果，该效果组如图3-20所示。

Premiere Pro 2022 影视编辑与特效制作案例教程（全彩慕课版）

图 3-20

常用效果解释如下。

方向模糊：可以将素材按指定方向和模糊长度进行模糊。

锐化：可以提高素材的对比度，使画面更清晰。

高斯模糊：可以将素材进行均匀模糊。

导入素材，接着在【效果】面板中搜索【方向模糊】效果，并将该效果拖曳到素材上，如图3-21所示。

图 3-21

在【时间轴】面板中选中素材，在【效果控件】面板中展开【方向模糊】效果，并设置合适的参数，如图3-22所示。

图 3-22

画面应用【方向模糊】效果前后的对比效果如图3-23所示。

图 3-23

3.2.7 生成效果组

生成效果组可以在素材上创建和生成各种图案，该效果组如图3-24所示。

图 3-24

各种效果解释如下。

四色渐变：可以在图像中生成4种颜色的渐变。

渐变：可以在图像中生成线性或者径向颜色渐变。

镜头光晕：可以在图像中创建灯光照射到镜头所形成的折射效果。

闪电：在图像中生成类似闪电的效果。

导入素材，接着在【效果】面板中搜索【四色渐变】效果，并将该效果拖曳到素材上，如图3-25所示。

图 3-25

在【时间轴】面板中选中素材，在【效果控件】面板中展开【四色渐变】效果，并设置合适的参数，如图3-26所示。

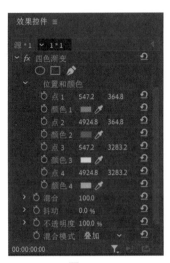

图 3-26

画面应用【四色渐变】效果前后的对比效果如图3-27所示。

图 3-27

3.2.8 调整效果组

调整效果组用于调整素材的明暗度及为素材添加光照效果，该效果组如图3-28所示。

图 3-28

常用效果解释如下。

Extract：可以将素材中的颜色移除，从而创建灰度图像。

Levels：可以调整素材的亮度和对比度。

光照效果：可以在素材中创建光照效果。

导入素材，接着在【效果】面板中搜

索【Extract】效果，并将该效果拖曳到素材上，如图3-29所示。

图 3-29

画面应用【Extract】效果前后的对比效果如图3-30所示。

图 3-30

3.2.9 过渡效果组

过渡效果组可以为素材添加过渡效果，该效果组如图3-31所示。

图 3-31

各种效果解释如下。

块溶解：可以将素材以随机方块的形式显示下方素材。

渐变擦除：可以将素材以明亮度的形式显示下方素材。

线性擦除：可以将素材以线性过渡的形式显示下方素材。

导入素材，接着在【效果】面板中搜索【块溶解】效果，并将该效果拖曳到素材上，如图3-32所示。

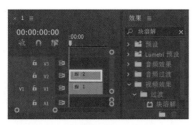

图 3-32

在【时间轴】面板中选中素材,在【效果控件】面板中展开【块溶解】效果,并设置合适的参数,如图3-33所示。

图 3-33

此时滑动时间线,画面效果如图3-34所示。

图 3-34

3.2.10 透视效果组

透视效果组可以使素材产生立体透视效果,该效果组如图3-35所示。

图 3-35

各种效果解释如下。

基本3D:可以将素材沿着水平、垂直方向旋转和倾斜来创建3D动画。

投影:可以在素材后方添加阴影。

导入素材,接着在【效果】面板中搜索【基本3D】效果,并将该效果拖曳到素材上,如图3-36所示。

图 3-36

在【时间轴】面板中选中素材,在【效果控件】面板中展开【基本3D】效果,并设置合适的参数,如图3-37所示。

图 3-37

画面应用【基本3D】效果前后的对比效果如图3-38所示。

图 3-38

3.2.11 通道效果组

通道效果组可以通过设置合适的通道来改变画面颜色,该效果组如图3-39所示。

图 3-39

该效果组只包含一个【反转】效果。

反转：可以将素材中的颜色反转。

导入素材，接着在【效果】面板中搜索【反转】效果，并将该效果拖曳到素材上，如图3-40所示。

图 3-40

画面应用【反转】效果前后的对比效果如图3-41所示。

图 3-41

3.2.12　键控效果组

键控效果组可以使图像中的颜色及亮度区域变为透明，该效果组如图3-42所示。

图 3-42

常用效果解释如下。

亮度键：可以通过画面亮度将素材中相同亮度的图像抠除。

超级键：可以将素材中指定的颜色抠除。

轨道遮罩键：通过一个剪辑（叠加的剪辑）显示另一个剪辑（背景剪辑）。

颜色键：用于调整主要颜色和颜色容差，也可以将素材中的主要颜色抠除。

导入素材，接着在【效果】面板中搜

索【超级键】效果，并将该效果拖曳到素材上，如图3-43所示。（通常情况下，抠像背景为绿色为宜。）

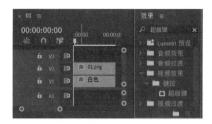

图 3-43

画面应用【超级键】效果前后的对比效果如图3-44所示。

图 3-44

3.2.13　风格化效果组

风格化效果组可以将图像中的像素进行置换和查找边缘，使图像产生绘画及印象派风格，该效果组如图3-45所示。

图 3-45

常用效果解释如下。

Alpha发光：可以使素材产生边缘发光、发亮的效果。

Replicate：可以将素材进行复制，并水平和垂直排列。

彩色浮雕：可以将素材边缘锐化，使素材产生浮雕效果。

查找边缘：可以查找图像过渡较大的边

缘并强化边缘，在白色背景上显示为深色线条，在黑色背景上显示为彩色线条。

画笔描边：可以使素材产生粗糙效果。

粗糙边缘：可以将Alpha通道的边缘变粗糙。该效果可以为文字或图形提供自然粗糙的外观。

闪光灯：可以使素材产生闪光效果。

马赛克：可以将素材进行像素化，并填充纯色。

导入素材，接着在【效果】面板中搜索【查找边缘】效果，并将该效果拖曳到素材上，如图3-46所示。

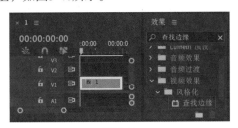

图 3-46

画面应用【查找边缘】效果前后的对比效果如图3-47所示。

图 3-47

3.3 实操：绝美夕阳光晕特效

本案例使用【镜头光晕】效果制作夕阳光晕特效，并使用【Lumetri 颜色】效果调整画面颜色。案例效果如图3-48所示。

图 3-48

3.3.1 项目诉求

本案例是以"宣传稻田"为主题的短视频项目。要求视频体现出独特的稻田风景，以及夕阳独特的光线魅力。

3.3.2 设计思路

本案例为视频添加夕阳的光晕和光线效果，使得作品更温暖、平静。

3.3.3 配色方案

风格：本案例采用高饱和的色彩风格，画面中稻田的深色与天空的明亮给人强烈的对比，更能突出夕阳西下时光辉的美感。

3.3.4 版面构图

本案例采用中轴型的构图方式（见图3-49），太阳的光线作为中轴线，将画面分割为两个部分：上半部分的天空颜色明亮、清透，给人宽阔的感觉；下半部分的稻田给人一望无际的视野，将视觉重心吸引到画面中夕阳光辉的位置。

图 3-49

3.3.5 项目实战

操作步骤：

（1）新建项目、导入文件。执行【文件】→【新建】→【项目】命令，新建一个项目。接着执行【文件】→【导入】命令，导入全部素材。在【项目】面板中将01.mp4素材文件拖曳到【时间轴】面板中的V1轨道上，此时在【项目】面板中自动生成一个与01.mp4素材文件等大的序列，如图3-50所示。

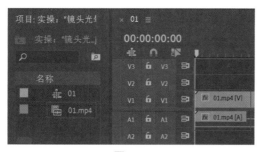

图 3-50

（2）此时画面效果如图3-51所示。

图 3-51

（3）在【效果】面板中搜索【镜头光晕】效果，接着将该效果拖曳到01.mp4素材文件上，如图3-52所示。

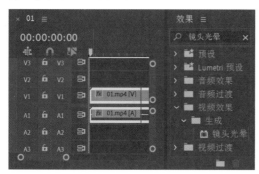

图 3-52

（4）在【时间轴】面板中选择V1轨道上的01.mp4素材文件，在【效果控件】面板中展开【镜头光晕】。将时间线滑动至起始时间位置，单击【光晕中心】左边的 ⏱（切换动画）按钮，设置【光晕中心】为（−21.1,499.6），如图3-53所示。接着将时间线滑动至3秒02帧位置，设置【光晕中心】为（−73.6,499.6）。将时间线滑动至4秒14帧位置，设置【光晕中心】为（126.9,499.6）。将时间线滑动至7秒03帧位置，设置【光晕中心】为（357.9,499.6）。将时间线滑

动至10秒21帧位置，设置【光晕中心】为（725.9,499.6）。将时间线滑动至15秒21帧位置，设置【光晕中心】为（1237.9,499.6）。将时间线滑动至16秒19帧位置，设置【光晕中心】为（1351.9,499.6）。将时间线滑动至16秒20帧位置，设置【光晕中心】为（1296.9,449.6）。

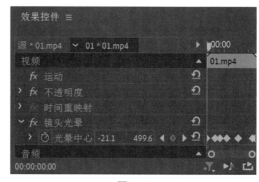

图 3-53

（5）滑动时间线，此时画面效果如图3-54所示。

图 3-54

（6）在【效果】面板中搜索【Lumetri颜色】效果，接着将该效果拖曳到01.mp4素材文件上，如图3-55所示。

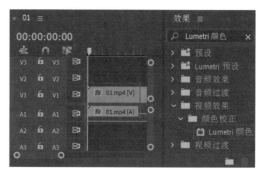

图 3-55

（7）在【时间轴】面板中选择V1轨道

上的01.mp4素材文件,在【效果控件】面板中展开【Lumetri 颜色】→【基本校正】→【色调】,设置【曝光】为0.5,【对比度】为20.0,【阴影】为10.0,如图3-56所示。

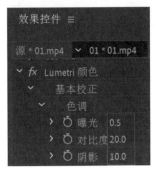

图 3-56

（8）此时本案例制作完成,滑动时间线,画面效果如图3-57所示。

图 3-57

3.4 实操:四色浪漫婚戒视频

文件路径:资源包\案例文件\第3章常用视频特效\实操:四色浪漫婚戒视频

本案例使用【四色渐变】效果和【混合模式】制作四色浪漫婚戒视频,如图3-58所示。

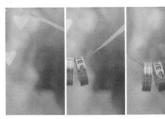

图 3-58

3.4.1 项目诉求

本案例是以"婚戒"为主题的短视频项目。要求视频体现出戒指能给人带来的浪漫与幸福气息。

3.4.2 设计思路

本案例以"唯美婚戒"为基本设计思路,采用多种颜色的渐变效果制作画面唯美效果,并用爱心动画添加浪漫气息,从而突出画面中戒指给人带来的幸福气息。

3.4.3 配色方案

主色:本案例采用丁香紫作为主色,给人神秘、浪漫的感觉,同时呈现出唯美、梦幻的效果,如图3-59所示。

图 3-59

辅助色:本案例采用草绿色与粉色作为辅助色,草绿色给人舒适、希望、幸福的感觉,同时粉色更给人甜美、快乐的感觉,两种颜色为互补色更能带来对比感,如图3-60所示。

图 3-60

3.4.4 版面构图

本案例采用分割型的构图方式（见图3-61）,以戒指作为分割线,将画面上下分割为两个不均等的部分,使画面更加突出主体,并给予画面层次感。

图 3-61

3.4.5 项目实战

操作步骤:

(1)新建项目、导入文件。执行【文件】→【新建】→【项目】命令,新建一个项目。接着执行【文件】→【导入】命令,导入全部素材。在【项目】面板中将01.mp4素材拖曳到【时间轴】面板中的V1轨道上,此时在【项目】面板中自动生成一个与01.mp4素材等大的序列,如图3-62所示。

图 3-62

(2)滑动时间线,此时画面效果如图3-63所示。

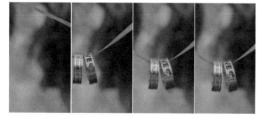

图 3-63

(3)在【效果】面板中搜索【四色渐变】效果,并将该效果拖曳到【时间轴】面板中V1轨道的01.mp4素材上,如图3-64所示。

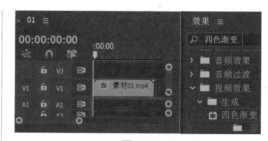

图 3-64

(4)在【时间轴】面板中选中V1轨道上的01.mp4素材,在【效果控件】面板中展开【四色渐变】,设置【不透明度】为60.0%,【混合模式】为滤色,如图3-65所示。

图 3-65

(5)此时画面效果如图3-66所示。

图 3-66

(6)将【项目】面板中的02.mp4素材拖曳到【时间轴】面板中的V2轨道上,如图3-67所示。

图 3-67

（7）此时画面效果如图3-68所示。

图3-68

（8）在【时间轴】面板中选中V2轨道上的02.mp4素材，在【效果控件】面板中展开【运动】，设置【缩放】为324.0，接着展开【不透明度】，设置【混合模式】为滤色，如图3-69所示。

图3-69

（9）此时本案例制作完成，滑动时间线，画面效果如图3-70所示。

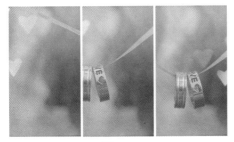

图3-70

3.5 实操：动态油画特效

本案例使用【画笔描边】效果制作出油画效果，并使用【Lumetri 颜色】效果调整画面颜色，然后使用【投影】效果使油画边框变得更真实，如图3-71所示。

图3-71

3.5.1 项目诉求

本案例是以"宣传雪景"为主题的短视频项目。要求视频创新独特，能够体现出冬季白雪皑皑的美感。

3.5.2 设计思路

本案例以"动态油画"为基本设计思路，采用画笔制作出油画质感的画面，并添加画框以增加画面真实感。

3.5.3 配色方案

主色：本案例采用象牙白作为主色，给人白雪、纯净的感觉，同时也能使空间增加宽敞感，如图3-72所示。

图3-72

辅助色：本案例采用巧克力色与炭灰色作为辅助色，巧克力色给人温暖、古典的感觉，同时炭灰色给人轻松、随意的感觉，两种颜色可以让人身心放松，如图3-73所示。

图3-73

3.5.4 项目实战

操作步骤：

（1）新建序列。执行【文件】→【新建】→【项目】命令，新建一个项目。执行【文件】→【新建】→【序列】命令，在【新建序列】对话框中单击【设置】按钮，在打开的【序列设置】对话框中设置【编辑模式】为HDV 720p，【时基】为23.976帧/秒，【像素长宽比】为方形像素（1.0），如图3-74所示。

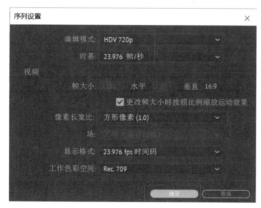

图 3-74

（2）执行【文件】→【导入】命令，导入全部素材。在【项目】面板中选择1.mp4素材文件，并将其拖曳到【时间轴】面板中的V1轨道上，如图3-75所示。

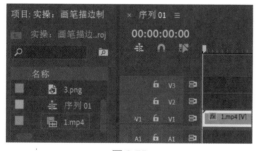

图 3-75

（3）此时画面效果如图3-76所示。

图 3-76

（4）在【效果】面板中搜索【画笔描边】效果，并将该效果拖曳到【时间轴】面板中V1轨道的1.mp4素材上，如图3-77所示。

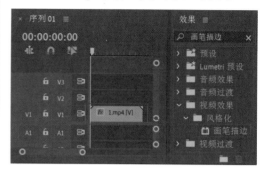

图 3-77

（5）在【时间轴】面板中选中V1轨道上的1.mp4素材，在【效果控件】面板中展开【画笔描边】，设置【描边角度】为1x62.0°，【画笔大小】为5.0，【描边长度】为40，【描边浓度】为2.0，如图3-78所示。

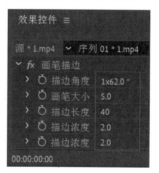

图 3-78

（6）在【效果】面板中搜索【Lumetri颜色】效果，接着将该效果拖曳到1.mp4素材文件上，如图3-79所示。

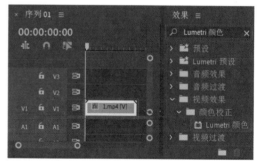

图 3-79

（7）在【时间轴】面板中选择V1轨道上的1.mp4素材文件，在【效果控件】面板中展开【Lumetri 颜色】→【基本校正】→

【色调】，设置【曝光】为0.5，【对比度】为50.0，【饱和度】为200.0，如图3-80所示。

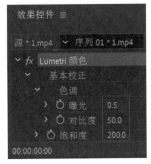

图 3-80

（8）滑动时间线，此时画面效果如图3-81所示。

图 3-81

（9）在【项目】面板中选择2.jpg素材文件，并将其拖曳到【时间轴】面板中的V2轨道上，如图3-82所示。

图 3-82

（10）在【时间轴】面板中将2.jpg的结束时间向右拖曳到9秒10帧位置，如图3-83所示。

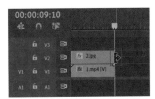

图 3-83

（11）在【时间轴】面板中选择V2轨道上的2.jpg，在【效果控件】面板中展开【运动】，设置【缩放】为90.0，展开【不透明度】，设置【混合模式】为相乘，如图3-84所示。

图 3-84

（12）滑动时间线，此时画面效果如图3-85所示。

图 3-85

（13）在【项目】面板中选择3.png素材文件，并按住鼠标左键将其拖曳到【时间轴】面板中的V3轨道上，并设置结束时间为9秒13帧，如图3-86所示。

图 3-86

（14）在【时间轴】面板中选择V3轨道上的3.png，在【效果控件】面板中展开【运动】。取消选中【等比缩放】复选框，设置【缩放高度】为48.0，【缩放宽度】为65.0，如图3-87所示。

图 3-87

（15）在【效果】面板中搜索【投影】效果，接着将该效果拖曳到3.png素材文件上，如图3-88所示。

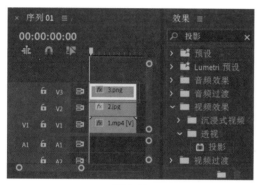

图 3-88

（16）在【时间轴】面板中选择V3轨道上的3.png，在【效果控件】面板中展开【投影】，设置【方向】为-180.0°，【距离】为15.0，【柔和度】为55.0，如图3-89所示。

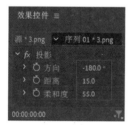

图 3-89

（17）此时本案例制作完成，滑动时间线，画面效果如图3-90所示。

图 3-90

Premiere Pro 2022 影视编辑与特效制作案例教程（全彩慕课版）

3.6 扩展练习：春季新品广告

文件路径：资源包案例文件第3章
常用视频特效扩展练习：春季新品广告

本案例使用【湍流置换】效果制作文字流动效果，使用【颜色遮罩】制造纯色图层，并使用【快速模糊入点】效果制作文字模糊效果，使用【超级键】效果对人物进行抠像处理，制作出春季新品广告，效果如图3-91所示。

图 3-91

3.6.1 项目诉求

本案例是以"新品宣传广告"为主题的短视频项目。要求视频体现产品与新品活动，并能够抓住年轻人的心。

3.6.2 设计思路

本案例以"活力、朝气"为基本设计思路，背景采用不规则流动的文字体现活力和朝气，并通过人物的穿着体现产品特点，然后添加文字，增加宣传力。

3.6.3 配色方案

主色：本案例采用万寿菊黄色作为主色，黄色给人活力、阳光的感觉，同时也更具吸引力，如图3-92所示。

图 3-92

辅助色：本案例采用白色、苹果绿色与亮灰色作为辅助色，如图3-93所示。白色给人干净、空旷的感觉，可增加主色的视觉张力。苹果绿色给人舒适、简约的感觉，与主色搭配一起时较为活泼，散发着青春的味道，可提升整个设计的视觉吸引力。亮灰色则更温和，中和了画面中的颜色，不会使画面颜色过燥。

图 3-93

3.6.4 版面构图

本案例采用自由型的构图方式（见图3-94），将一对男女的照片作为展示主图，后面的动态文字与侧面的文字在直接传达信息的同时，也丰富了版面的细节效果。

图 3-94

3.6.5 项目实战

操作步骤：

（1）新建序列。执行【文件】→【新建】→【项目】命令，新建一个项目。执行【文件】→【新建】→【序列】命令，在【新建序列】对话框中单击【设置】按钮，在打开的对话框中设置【编辑模式】为自定义，【时基】为25.00帧/秒，【帧大小】为3508，【水平】为1215，【像素长宽比】为方形像素（1.0），如图3-95所示。

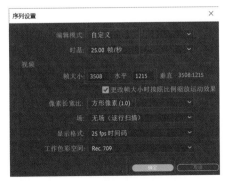

图 3-95

（2）在【项目】面板中用鼠标右键单击空白区域，在弹出的快捷菜单中执行【新建项目】→【颜色遮罩】命令，如图3-96所示。

图 3-96

（3）在打开的【新建颜色遮罩】对话框中单击【确定】按钮。在打开的【拾色器】对话框中设置【颜色】为白色，单击【确定】按钮，如图3-97所示。

图 3-97

（4）在【项目】面板中选择颜色遮罩，并将其拖曳到【时间轴】面板中的V1轨道上，如图3-98所示。

图 3-98

（5）在【时间轴】面板中将颜色遮罩的结束时间向右拖曳到7秒位置，如图3-99所示。

图 3-99

（6）此时画面效果如图3-100所示。

图 3-100

（7）执行【文件】→【导入】，导入全部素材。在【项目】面板中选择扭曲黄色文字.png素材文件，并将其拖曳到【时间轴】面板中的V2轨道上，如图3-101所示。

图 3-101

（8）在【时间轴】面板中将扭曲黄色文字.png的结束时间向右拖曳到7秒位置，如图3-102所示。

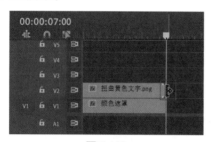

图 3-102

（9）在【效果】面板中搜索【湍流置换】效果，接着将该效果拖曳到扭曲黄色文字.png素材文件上，如图3-103所示。

图 3-103

（10）在【时间轴】面板中选择V2轨道

上的扭曲黄色文字.png，在【效果控件】面板中展开【湍流置换】。将时间线滑动至起始时间位置，单击【数量】、【大小】、【偏移（湍流）】、【演化】左边的◎（切换动画）按钮，设置【数量】为-122.0，【大小】为489.0，【偏移（湍流）】为（1198.0,597.5），【演化】为60.0°，如图3-104所示。接着将时间线滑动至3秒位置，设置【数量】为50.0，【大小】为100.0，【偏移（湍流）】为（1754.0,607.5），【演化】为0.0°。

图 3-104

（11）滑动时间线，此时画面效果如图3-105所示。

图 3-105

（12）在【项目】面板中用鼠标右键单击空白区域，在弹出的快捷菜单中执行【新建项目】→【颜色遮罩】命令，如图3-106所示。

图 3-106

（13）在打开的【新建颜色遮罩】对话框中单击【确定】按钮。在打开的【拾色器】

对话框中设置【颜色】为白色，如图3-107所示。

图 3-107

（14）在【项目】面板中选择刚刚添加的颜色遮罩，并将其拖曳到【时间轴】面板中V3轨道4秒03帧位置，如图3-108所示，并设置结束时间为7秒。

图 3-108

（15）在【时间轴】面板中选择V3轨道上的颜色遮罩，在【效果控件】面板中展开【运动】，设置【位置】为（1286.0,634.8），接着取消选中【等比缩放】复选框，设置【缩放高度】为50.0，【缩放宽度】为14.0，如图3-109所示。

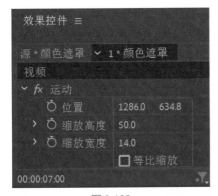

图 3-109

（16）展开【不透明度】，设置【不透明度】为90.0%，如图3-110所示。

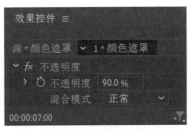

图 3-110

（17）在【项目】面板中选择白色文字.png，并将其拖曳到【时间轴】面板中V4轨道4秒19帧位置，如图3-111所示，并设置结束时间为7秒。

图 3-111

（18）在【效果】面板中搜索【快速模糊入点】效果，接着将该效果拖曳到白色文字.png素材文件上，如图3-112所示。

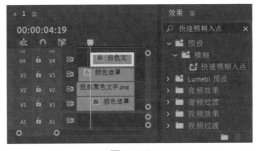

图 3-112

（19）滑动时间线，此时画面效果如图3-113所示。

图 3-113

（20）在【项目】面板中选择黄色小文字.png，并将其拖曳到【时间轴】面板中V5

轨道2秒06帧位置，如图3-114所示，并设置结束时间为7秒。

图 3-114

（21）在【项目】面板中选择人像.png，将其拖曳到【时间轴】面板中V6轨道3秒位置，如图3-115所示，并设置结束时间为7秒。

图 3-115

（22）在【时间轴】面板中选择V6轨道上的人像.png，在【效果控件】面板中展开【运动】。将时间线滑动至3秒位置，单击【位置】左边的 ⏱（切换动画）按钮，设置【位置】为（-500.0,607.5），如图3-116所示。接着将时间线滑动至4秒位置，设置【位置】为（1754.0,607.5）。

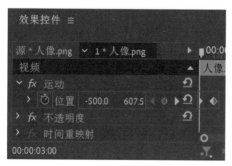

图 3-116

（23）在【效果】面板中搜索【超级键】效果，接着将该效果拖曳到人像.png素材文件上，如图3-117所示。

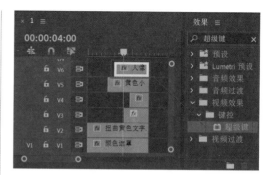

图 3-117

（24）在【时间轴】面板中选择V6轨道上的人像.png，在【效果控件】面板中展开【超级键】，单击【主要颜色】右边的 🔍（吸管工具）按钮，如图3-118所示。

图 3-118

（25）在【节目监视器】面板中单击绿色背景，如图3-119所示。

图 3-119

（26）此时本案例制作完成，滑动时间线，画面效果如图3-120所示。

图 3-120

3.7 课后习题

1 选择题

1. 在Premiere中对黄皮肤的人抠像时，前期应采用哪种颜色的背景拍摄比较容易抠像?（　　）
   A. 红色
   B. 绿色
   C. 蓝色
   D. 黄色

2. 下列哪种效果不属于生成效果组中的效果?（　　）
   A. 四色渐变
   B. 镜头光晕
   C. 闪电
   D. 放大

2 填空题

1. 在 _____ 面板中，用户可以对效果参数进行调整。

2. _____ 效果可以让图像变得更锐利、清晰。

3 判断题

1. 在Premiere中，用户可以为一个图层添加多个视频效果。（　　）

2. 在Premiere中，一个图层上若添加了两个或多个视频效果，则用户更改这些视频效果的顺序时可能出现不同的画面效果。

（　　）

● 卡通漫画效果

课后实战

作业要求： 应用视频效果将任意动物图片制作出卡通漫画效果。参考效果如图3-121所示。

图 3-121

第 **4** 章

常用视频
转场

视频转场是将两个相邻素材进行转场过渡的过程，也可以为单个素材添加过渡效果。本章通过为素材添加过渡效果讲解如何让视频转场更自然。

本章要点

⭐ 能力目标

❖ 熟悉视频过渡效果
❖ 掌握视频过渡效果的应用

4.1 认识视频过渡效果

视频过渡效果是视频后期制作常用的功能，它可以使两段素材以契合画面的风格直接转场。

4.1.1 认识过渡效果

过渡效果是添加在两段素材之间的效果，使画面以动画效果的形式切换。在电影中，过渡用于将场景从一个镜头切换到下一个镜头。过渡效果如图4-1所示。

图 4-1

4.1.2 为素材创建过渡效果

导入素材，接着将【项目】面板中的素材拖曳到【时间轴】面板中，如图4-2所示。

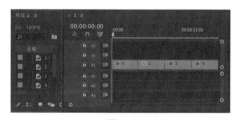

图 4-2

在【时间轴】面板中选中2.jpg～4.jpg素材，单击鼠标右键，在弹出的快捷菜单中执行【缩放为帧大小】命令，如图4-3所示。

图 4-3

选中V1轨道中的2.jpg素材，在【效果控件】面板中展开【运动】属性，设置【缩放】为115.0，如图4-4所示。

图 4-4

在【效果】面板中搜索【白场过渡】效果，并将该效果拖曳到V1轨道的起始位置，如图4-5所示。

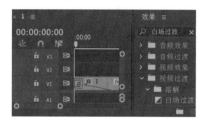

图 4-5

继续使用同样的方法为3.jpg和4.jpg素材添加过渡效果，如图4-6所示。

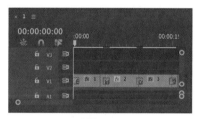

图 4-6

此时滑动时间线，画面过渡效果如图4-7所示。

图 4-7

4.2 视频过渡效果

Premiere中包含了几十种视频过渡效果，可以添加在素材的开始、结束和两段素材之间，但一个位置只可以添加一种。视频过滤效果放置在【3D Motion】、【Dissolve】、【Iris】、【Page Peel】、【Slide】【Wipe】、【Zoom】、【内滑】、【沉浸式视频】和【溶解】的视频过渡效果组中，如图4-8所示。

图 4-8

4.2.1 3D Motion 效果组

3D Motion效果组可以使相邻的两个素材产生3D立体过渡效果。该效果组只包含【Cube Spin】和【Flip Over】两种效果，如图4-9所示。

图 4-9

这两种效果解释如下。

Cube Spin（立方体旋转）：可以以立方体的翻转方式显示相邻素材。

Flip Over（翻转）：可以沿中心点上下或左右翻转显示相邻素材。

导入素材，接着在【效果】面板中搜索【Cube Spin】效果，并将该效果拖曳到两个素材之间，如图4-10所示。（注意：若将某

视频过渡效果，拖拽至另外一个已被添加的视频过渡效果位置上时，原来的视频过渡效果将会被替换。）

图 4-10

此时滑动时间线，画面效果如图4-11所示。

图 4-11

4.2.2 Dissolve 效果组

Dissolve效果组可以将两个相邻的素材以溶解的方式过渡。该效果组包含【Additive Dissolve】、【Film Dissolve】和【Non-Additive Dissolve】3种效果，如图4-12所示。

图 4-12

各种效果解释如下。

Additive Dissolve（叠加溶解）：将两个素材的颜色叠加，然后以溶解的方式显示相邻素材。

Film Dissolve（胶片溶解）：以胶片溶解的方式显示相邻素材。

Non-Additive Dissolve（非叠加溶解）：将素材的颜色映射到另一个素材上，并以溶解的方式显示相邻素材。

导入素材，接着在【效果】面板中搜索【Additive Dissolve】效果，并将该效果拖曳到两个素材之间，如图4-13所示。

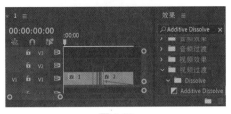

图 4-13

此时滑动时间线，画面效果如图4-14所示。

图 4-14

4.2.3 Iris 效果组

Iris效果组是将素材以各种形状显示相邻素材。该效果组包含【Iris Box】、【Iris Cross】、【Iris Diamond】和【Iris Round】4种效果，如图4-15所示。

图 4-15

各种效果解释如下。

Iris Box（盒形划像）：以矩形擦除的方式显示相邻素材。

Iris Cross（交叉划像）：以沿中心点分割向四角拉伸的方式显示相邻素材。

Iris Diamond（菱形划像）：以菱形擦除的方式显示相邻素材。

Iris Round（圆划像）：以圆圈擦除的方式显示相邻素材。

导入素材，接着在【效果】面板中搜索【Iris Cross】效果，并将该效果拖曳到两个素材之间，如图4-16所示。

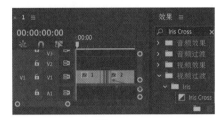

图 4-16

此时滑动时间线，画面效果如图4-17所示。

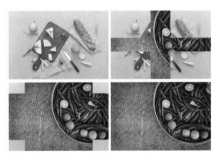

图 4-17

4.2.4 Page Peel 效果组

Page Peel效果组只包含【Page Peel】和【Page Turn】两种效果，如图4-18所示。

图 4-18

这两种效果解释如下。

Page Peel：以一角向对角卷起的方式显示相邻素材。

Page Turn：以翻页的方式显示相邻素材。

导入素材，接着在【效果】面板中搜索【Page Peel】效果，并将该效果拖曳到素材上，如图4-19所示。

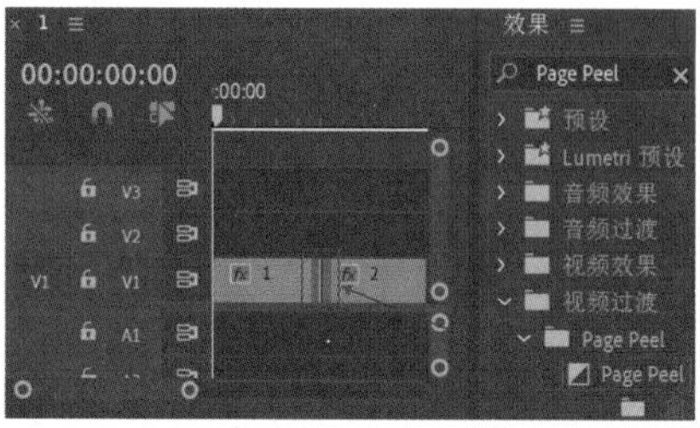

图 4-19

在【时间轴】面板中选中该效果，接着在【效果控件】面板中设置【持续时间】为2秒，单击左侧的█按钮，设置【方向】为自东北向西南，如图4-20所示。

图 4-20

此时滑动时间线，画面效果如图4-21所示。

图 4-21

4.2.5 Slide 效果组

Slide效果组包含【Band Slide】、【Center Split】、【Push】、【Slide】和【Split】5种效果，如图4-22所示。

图 4-22

各种效果解释如下。

Band Slide（带状内滑）：以沿着水平、垂直或者对角的长条滑入来显示相邻素材。

Center Split（中心拆分）：以沿中心点并拆分向四角滑动的方式来显示相邻素材。

Push（推）：以水平或垂直推动的方式来显示相邻素材。

Slide（内滑）：以滑入的方式来显示相邻素材。

Split（拆分）：以水平或垂直滑动的方式来显示相邻素材。

导入素材，接着在【效果】面板中搜索【Band Slide】效果，并将该效果拖曳到素材上，如图4-23所示。

图 4-23

在【时间轴】面板中选中该效果，接着在【效果控件】面板中单击左侧的█按钮，设置【方向】为自东北向西南，设置【边框宽度】为50.0，【边框颜色】为黄色，然后单击底部的【自定义】按钮，如图4-24所示。

在打开的【带状内滑设置】对话框中设置【带数量】为9，如图4-25所示。

图 4-24

图 4-25

此时滑动时间线，画面效果如图4-26所示。

图 4-26

4.2.6 Wipe 效果组

Wipe效果组是将两个相邻素材以各种形状进行擦除过渡。该效果组包含17种效果，如图4-27所示。

图 4-27

各种效果解释如下。

Band Wipe（带状擦除）：以沿着水平、垂直或者对角的长条擦除来显示相邻素材。

Barn Doors（双侧平推门）：以从中心拆分向两侧推的方式来显示相邻素材。

Checker Wipe（棋盘擦除）：以棋盘的方式来显示相邻素材。

CheckerBoard（棋盘）：以棋盘随机块交叉显示的方式来显示相邻素材。

Clock Wipe：沿着中心点以始终转动的方式来显示相邻素材。

Gradient Wipe（渐变擦除）：以指定图像渐变擦除的方式来显示相邻素材。

Inset（插入）：以4个角中的某一角插入的方式来显示相邻素材。

Paint Splatter（油漆飞溅）：以油漆飞溅的方式来显示相邻素材。

Pinwheel（风车）：以风车旋转的方式来显示相邻素材。

Radial Wipe（径向擦除）：以4个角为中心、径向擦除的方式来显示相邻素材。

Random Blocks（随机块）：以随机块的方式来显示相邻素材。

Random Wipe（随机擦除）：沿着水平或垂直方向以随机块的方式来显示相邻素材。

Spiral Boxes（螺旋框）：以螺旋框的方式来显示相邻素材。

Venetian Blinds（百叶窗）：以长条形状擦除的方式来显示相邻素材。

Wedge Wipe（楔形擦除）：沿着中心点以扇形的方式来显示相邻素材。

Wipe（划出）：以移动擦除的方式来显示相邻素材。

Zig-Zag Blocks（水波块）：以水波擦除的方式来显示相邻素材。

导入素材，接着在【效果】面板中搜索【Clock Wipe】效果，并将该效果拖曳到素材上，如图4-28所示。

此时滑动时间线，画面效果如图4-29所示。

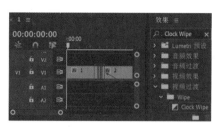

图 4-28

图 4-29

4.2.7　Zoom 效果组

Zoom效果组可以将两个相邻素材以缩放的方式过渡。该效果组只包含【Cross Zoom】一种效果，如图4-30所示。

图 4-30

Cross Zoom效果解释如下。

Cross Zoom（交叉缩放）：以交叉并缩放的方式显示相邻素材。

导入素材，接着在【效果】面板中搜索【Cross Zoom】效果，并将该效果拖曳到素材上，如图4-31所示。

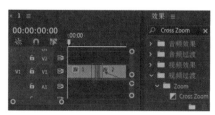

图 4-31

此时滑动时间线，画面效果如图4-32所示。

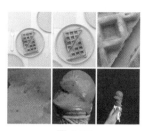

图 4-32

4.2.8　内滑效果组

内滑效果组以滑动的方式来显示相邻的素材。该效果组只包含【急摇】一种效果，如图4-33所示。

图 4-33

急摇效果解释如下。

急摇：以快速滑动的方式来显示相邻素材。

导入素材，接着在【效果】面板中搜索【急摇】效果，并将该效果拖曳到素材上，如图4-34所示。

图 4-34

画面应用【急摇】效果前后的对比效果如图4-35所示。

图 4-35

4.2.9 溶解效果组

溶解效果组可以将两个相邻素材以淡入淡出溶解的方式过渡。该效果组包含【MorphCut】、【交叉溶解】、【白场过渡】和【黑场过渡】4种效果，如图4-36所示。

图 4-36

常用效果解释如下。

交叉溶解：以不同颜色交叉显示相邻素材。

白场过渡：将素材变为白色，再将白色淡化到素材来显示相邻素材。

黑场过渡：将素材变为黑色，再将黑色淡化到素材来显示相邻素材。

导入素材，接着在【效果】面板中搜索【交叉溶解】效果，并将该效果拖曳到素材上，如图4-37所示。

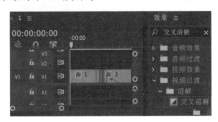

图 4-37

此时滑动时间线，画面效果如图4-38所示。

图 4-38

4.3 实操：《美食记》短片转场

文件路径：资源包\案例文件\第4章
常用视频转场\实操：《美食记》短片转场

本案例使用【白场过渡】、【交叉溶解】、【Cross Zoom】、【Iris Box】、【黑场过渡】效果制作视频转场效果，再使用文字工具创建文字并使用【快速模糊入点】效果制作文字动画效果。案例效果如图4-39所示。

图 4-39

4.3.1 项目诉求

本案例是以"户外美食"为主题的短视频宣传项目。在人们的印象中，户外美食常常与露营活动联系在一起。要求视频具有美食制作的过程，且与户外联系在一起展示多种食品。

4.3.2 设计思路

本案例以"美食展示"为基本设计思路，采用从不同角度拍摄的多个美食短视频，并设置转场使画面更加柔和，然后添加文字突出视频主题。

4.3.3 配色方案

风格：本案例主要以田园风为画面颜色的整体风格，主打清新自然的画面，营造出清爽、自然、闲适的氛围。

4.3.4 版面构图

本案例采用中轴型的构图方式（见图4-40），将文字在版面中间部位呈现。这样既保证了物体的完整性，又清楚地传递了信息。

图 4-40

4.3.5 项目实战

操作步骤:

（1）新建项目、导入文件。执行【文件】→【新建】→【项目】命令，新建一个项目。接着执行【文件】→【导入】命令，导入全部素材。在【项目】面板中将01.mp4素材拖曳到【时间轴】面板中的V1轨道上，此时在【项目】面板中自动生成一个与01.mp4素材文件等大的序列，如图4-41所示。

图 4-41

（2）在【时间轴】面板中按住Alt键单击A1轨道上01.mp4素材文件的音频，按Delete键删除，如图4-42所示。

图 4-42

（3）将时间线滑动至2秒位置，在【时间轴】面板中选择V1轨道上的01.mp4素材文件，按W键删除时间线右边的素材文件，如图4-43所示。

图 4-43

（4）此时画面效果如图4-44所示。

图 4-44

（5）在【效果】面板中搜索【白场过渡】效果，接着将该效果拖曳到01.mp4素材文件的起始时间上，如图4-45所示。

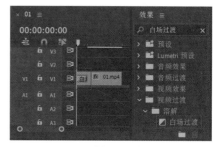

图 4-45

（6）在【项目】面板中选择02.mp4素材文件，并按住鼠标左键将其拖曳到【时间轴】面板中V1轨道上的01.mp4右边，如图4-46所示。

图 4-46

（7）在【时间轴】面板中按住Alt键单击A1轨道上02.mp4素材文件的音频，按Delete键删除，如图4-47所示。

图 4-47

（8）将时间线滑动至4秒位置，在【时间轴】面板中选择V1轨道上的02.mp4素材

Premiere Pro 2022 影视编辑与特效制作案例教程（全彩慕课版）

文件，按W键删除时间线右边的素材文件，如图4-48所示。

图 4-48

（9）在【时间轴】面板中选择V1轨道上的02.mp4素材文件，在【效果控件】面板中展开【运动】，设置【缩放】为50.0，如图4-49所示。

图 4-49

（10）在【效果】面板中搜索【交叉溶解】效果，接着将该效果拖曳到02.mp4素材文件的起始时间上，如图4-50所示。

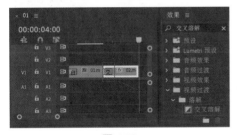

图 4-50

（11）滑动时间线，此时画面效果如图4-51所示。

图 4-51

（12）在【项目】面板中选择03.mp4素材文件，并将其拖曳到【时间轴】面板中V1轨道上的02.mp4右边，如图4-52所示。

图 4-52

（13）将时间线滑动至6秒位置，在【时间轴】面板中选择V1轨道上的03.mp4素材文件，按W键删除时间线右边的素材文件，如图4-53所示。

图 4-53

（14）在【时间轴】面板中选择V1轨道上的03.mp4素材文件，在【效果控件】面板中展开【运动】，设置【缩放】为50.0，如图4-54所示。

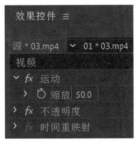

图 4-54

（15）在【效果】面板中搜索【Cross Zoom】效果，接着将该效果拖曳到03.mp4素材文件的起始时间上，如图4-55所示。

（16）在【项目】面板中选择04.mp4素材文件，并按住鼠标左键将其拖曳到【时间轴】面板中V1轨道上的03.mp4右边，如图4-56所示。

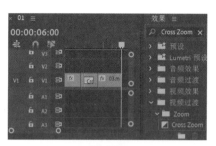

图 4-55

图 4-56

（17）将时间线滑动至8秒位置，在【时间轴】面板中选择V1轨道上的04.mp4素材文件，按W键删除时间线右边的素材文件，如图4-57所示。

图 4-57

（18）在【效果】面板中搜索【Iris Box】效果，接着将该效果拖曳到04.mp4素材文件的起始时间上，如图4-58所示。

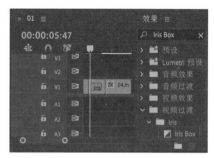

图 4-58

（19）在【效果】面板中搜索【黑场过渡】效果，接着将该效果拖曳到04.mp4素材文件的结束时间上，如图4-59所示。

（20）滑动时间线，此时画面效果如图4-60所示。

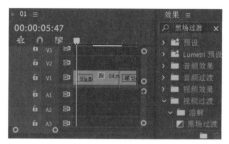

图 4-59

图 4-60

（21）将时间线滑动至4秒位置，在【工具】面板中单击 （文字工具）按钮，在【节目监视器】面板中单击合适的位置，输入合适的文字内容，如图4-61所示。

图 4-61

（22）在【文字】中设置合适的【字体系列】和【字体样式】，设置【字体大小】为308，【对齐方式】为 （左对齐文本）与 （顶对齐文本），【填充】为白色，展开【变换】，设置【位置】为（477.6,548.4），如图4-62所示。

图 4-62

（23）在【时间轴】面板中将文字图层的结束时间向左拖曳到8秒位置，如图4-63所示。

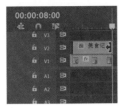

图 4-63

（24）在【效果】面板中搜索【黑场过渡】效果，接着将该效果拖曳到文字图层的结束时间上，如图4-64所示。

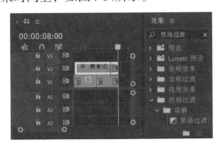

图 4-64

（25）在【效果】面板中搜索【快速模糊入点】效果，接着将该效果拖曳到文字图层上，如图4-65所示。

图 4-65

（26）在【项目】面板中选择配乐.mp3素材文件，并将其拖曳到【时间轴】面板中的A1轨道上，如图4-66所示。

图 4-66

（27）将时间线滑动至8秒位置，在【时间轴】面板中单击A1轨道上的音频文件，按Ctrl+K组合键进行分割，如图4-67所示。

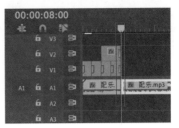

图 4-67

（28）在【时间轴】面板中单击选择时间线右边的配乐.mp4素材文件，按Delete键删除，如图4-68所示。

图 4-68

（29）在【时间轴】面板中选择A1轨道上的配乐.mp3素材文件，在【效果控件】面板中展开【音量】。将时间线滑动至起始时间位置，设置【级别】为-∞，如图4-69所示。将时间线滑动至1秒位置，设置【级别】为0.0dB。将时间线滑动至7秒位置，设置【级别】为0.0dB。将时间线滑动至8秒位置，设置【级别】为-∞。

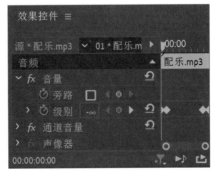

图 4-69

（30）此时本案例制作完成，滑动时间线，画面效果如图4-70所示。

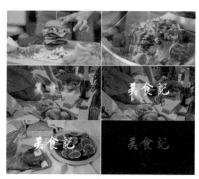

图 4-70

4.4 实操：急速转场旅行动画

文件路径：资源包\案例文件\第4章 常用视频转场\实操：急速转场旅行动画

本案例使用【偏移】、【方向模糊】效果制作视频急速转场效果，创建文字并使用【关键帧】制作文字放大动画。案例效果如图4-71所示。

图 4-71

4.4.1 项目诉求

本案例是以"旅行"为主题的短视频宣传项目。要求视频具有旅行的动感与美好，且鼓励人们大胆出去旅行。

4.4.2 设计思路

本案例以"旅途视频"为基本设计思路，采用急速行驶的列车给予视频动感，并在行驶过后出现优美的海景，然后添加文字突出视频主题。

4.4.3 配色方案

风格：本案例以小清新风格为画面颜色的整体风格，主打清爽、舒适的画面，营造出淡雅、自然的氛围。

4.4.4 版面构图

本案例采用分割型的构图方式（见图4-72），文字为画面的分割线，将画面分为天空与沙滩两个不均等的部分。这样既保证了画面的完整性，又富有层次。

图 4-72

4.4.5 项目实战

操作步骤：

（1）新建序列。执行【文件】→【新建】→【项目】命令，新建一个项目。执行【文件】→【新建】→【序列】命令，在【新建序列】对话框中单击【设置】按钮，在打开的对话框中设置【编辑模式】为自定义，【时基】为23.976帧/秒，【帧大小】为1920，【水平】为1080，【像素长宽比】为方形像素（1.0），如图4-73所示。

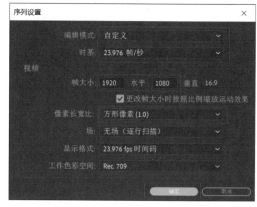

图 4-73

（2）执行【文件】→【导入】命令，导入全部素材。将【项目】面板中的01.mp4素材拖曳到【时间轴】面板中的V1轨道上，此时会弹出【剪辑不匹配警告】对话框，单击【保持现有设置】按钮，如图4-74所示。

图 4-74

（3）将时间线滑动至3秒位置，在【时间轴】面板中选择V1轨道上的01.mp4素材文件，按W键删除时间线右边的素材文件，如图4-75所示。

图 4-75

（4）在【效果】面板中搜索【偏移】效果，接着将该效果拖曳到01.mp4素材文件上，如图4-76所示。

图 4-76

（5）在【时间轴】面板中选择V1轨道上的01.mp4素材文件，在【效果控件】面板中展开【偏移】，将时间线滑动至起始时间位置，单击【将中心移位至】左边的 ⏱ （切换动画）按钮，设置【将中心移位至】为（960.0,540.0），如图4-77所示。接着将时间线滑动至22帧位置，设置【将中心移位至】为（960.0,540.0）。将时间线滑动至3秒位置，设置【将中心移位至】为（32767.0,540.0）。

图 4-77

（6）在【效果】面板中搜索【方向模糊】效果，接着将该效果拖曳到01.mp4素材文件上，如图4-78所示。

图 4-78

（7）在【时间轴】面板中选择V1轨道上的01.mp4素材文件，在【效果控件】面板中展开【方向模糊】，设置【方向】为90.0°，将时间线滑动至起始时间位置，单击【模糊长度】左边的 ⏱ （切换动画）按钮，设置【模糊长度】为0.0，如图4-79所示。接着将时间线滑动至22帧位置，设置【模糊长度】为0.0。将时间线滑动至3秒位置，设置【模糊长度】为135.0。

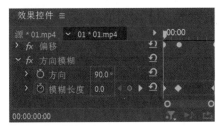

图 4-79

（8）将【项目】面板中的02.mp4素材文件拖曳到【时间轴】面板中V1轨道上的01.mp4素材文件右边，如图4-80所示。

图 4-80

（9）将时间线滑动至6秒位置，在【时间轴】面板中选择V1轨道上的02.mp4素材文件，按W键删除时间线右边的素材文件，如图4-81所示。

图 4-81

（10）滑动时间线，此时画面效果如图4-82所示。

图 4-82

（11）将时间线滑动至3秒位置，在【工具】面板中单击 T（文字工具）按钮，在【节目监视器】面板中单击合适的位置，输入合适的文字内容，如图4-83所示。

图 4-83

（12）在【效果控件】面板中设置合适的【字体系列】和【字体样式】，设置【字体大小】为220，【对齐方式】为 ▤（左对齐文本）与 ▤（顶对齐文本），【填充】为白色，展开【变换】，设置【位置】为（414.3,657.1），如图4-84所示。

图 4-84

（13）在【时间轴】面板中选择V2轨道上的文字图层，在【效果控件】面板中展开【运动】，将时间线滑动至3秒位置，单击【位置】、【缩放】左边的 ⊙（切换动画）按钮，设置【位置】为（960.0,540.0），【缩放】为100.0，如图4-85所示。接着将时间线滑动至5秒15帧位置，设置【位置】为（960.0,502.0），【缩放】为140.0。

图 4-85

（14）将【项目】面板中的音乐.mp3素材文件拖曳到【时间轴】面板中的A1轨道上，如图4-86所示。

图 4-86

（15）将时间线滑动至6秒位置，在【时间轴】面板中选择A1轨道上的音乐.mp3素材文件，按Ctrl+K组合键进行裁剪，如图4-87所示。

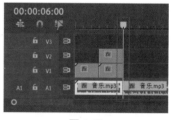

图 4-87

（16）在【时间轴】面板中单击选择时间线右边的配乐.mp4素材文件，按Delete键删除，如图4-88所示。

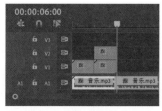

图 4-88

（17）此时本案例制作完成，滑动时间线，画面效果如图4-89所示。

图 4-89

4.5 扩展练习：制作美食视频卡点转场效果

文件路径：资源包\案例文件\第4章常用视频转场\扩展练习：转场效果制作美食卡点视频

本案例使用【Cross Zoom】效果制作视频放大、缩小的卡点转场效果。案例效果如图4-90所示。

图 4-90

4.5.1 项目诉求

本案例是以"美食"为主题的短视频宣传项目。要求视频具有美食制作的过程并展现美食，且具有动感。

4.5.2 设计思路

本案例以"卡点转场效果"为基本设计思路，采用美食制作的步骤，根据音频的音乐节奏来展示制作美食视频，并在卡点时以放大形式切换视频。

4.5.3 配色方案

风格：本案例主要是以高饱和色为画面颜色的整体风格，主打活泼、富有活力的画面，给人醒目、具有冲击力的感觉。

4.5.4 项目实战

操作步骤：

（1）新建项目、导入文件。执行【文件】→【新建】→【项目】命令，新建一个项目。接着执行【文件】→【导入】命令，导入全部素材。在【项目】面板中将1.mp4素材文件拖曳到【时间轴】面板中的V1轨道上，此时在【项目】面板中自动生成一个与1.mp4素材文件等大的序列，如图4-91所示。

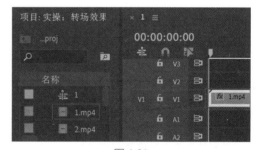

图 4-91

（2）此时画面效果如图4-92所示。

图 4-92

（3）将时间线滑动至2秒位置，在【时间轴】面板中选择V1轨道上的1.mp4素材文件，按W键删除时间线右边的素材文件，如图4-93所示。

图 4-93

（4）将【项目】面板中的2.mp4素材文件拖曳到【时间轴】面板中V1轨道上的1.mp4素材文件右边，如图4-94所示。

图 4-94

（5）将时间线滑动至3秒12帧位置，在【时间轴】面板中选择V1轨道上的2.mp4素材文件，按W键删除时间线右边的素材文件，如图4-95所示。

图 4-95

（6）将【项目】面板中的3.mp4素材文件拖曳到【时间轴】面板中V1轨道上的2.mp4素材文件右边，如图4-96所示。

图 4-96

（7）将时间线滑动至5秒03帧位置，在【时间轴】面板中选择V1轨道上的3.mp4素材文件，按W键删除时间线右边的素材文件，如图4-97所示。

图 4-97

（8）将【项目】面板中的4.mp4素材文件拖曳到【时间轴】面板中V1轨道上的3.mp4素材文件右边，如图4-98所示。

图 4-98

（9）将时间线滑动至7秒03帧位置，在【时间轴】面板中选择V1轨道上的4.mp4素材文件，按W键删除时间线右边的素材文件，如图4-99所示。

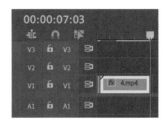

图 4-99

（10）滑动时间线，此时画面效果如图4-100所示。

图 4-100

（11）在【效果】面板中搜索【Cross Zoom】效果，接着将该效果拖曳到1.mp4素材文件的起始时间位置，如图4-101所示。

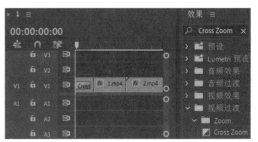

图 4-101

（12）在【时间轴】面板中选中【Cross Zoom】效果，接着在【效果控件】面板中设置【持续时间】为15帧，如图4-102所示。

图4-102

（13）再次将【Cross Zoom】效果拖曳到【时间轴】面板中2.mp4素材文件的起始时间位置，如图4-103所示，并在【效果控件】面板中设置该效果的【持续时间】为15帧。

（14）继续使用同样的方法为其他素材添加过渡效果，并设置合适的【持续时间】，如图4-104所示。

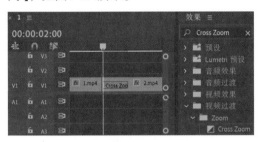

图4-103

图4-104

（15）将【项目】面板中的音乐.mp3素材文件拖曳到【时间轴】面板中的A1轨道上，如图4-105所示。

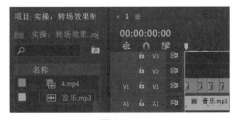

图4-105

（16）将时间线滑动至7秒03帧位置，在【时间轴】面板中选择A1轨道上的音乐.mp3，按Ctrl+K组合键进行裁切，如图4-106所示。

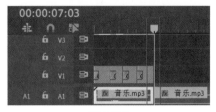

图4-106

（17）在【时间轴】面板中单击选择时间线右边的配乐.mp4素材文件，按Delete键删除，如图4-107所示。

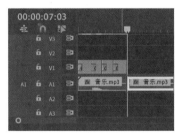

图4-107

（18）此时本案例制作完成，滑动时间线，画面效果如图4-108所示。

图4-108

4.6 课后习题

1 选择题

1. 下列哪种效果不属于内滑效果组中的过渡效果？（　　　）
   A. 带状内滑　　B. 内滑
   C. 渐变擦除　　D. 推

2. 在Premiere中，哪种视频过渡效果常用于制作视频由黑色变为白色的效果?（　　）

A. 白场过渡　　B. 黑场过渡

C. 划出　　　　D. 拆分

2 填空题

1. 在添加视频过渡效果时，用户可以将其添加在素材的 ＿＿＿ 、＿＿＿ 、＿＿＿ 。

2. 将某一视频过渡效果拖曳至素材和素材之间的另外一个已添加了视频过渡效果的素材上时，原来的视频过渡效果会被 ＿＿＿ 。

3 判断题

1. 在素材和素材之间添加视频过渡效果后，不可以修改过渡效果的持续时间。（　　）

2. 在素材和素材之间可以同时添加两种或两种以上的视频过渡效果。（　　）

课后实战

● 添加转场

作业要求： 应用任意一个或多个转场效果制作动物照片转场效果。参考效果如图4-109所示。

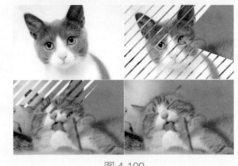

图4-109

第5章
动画

动画是一种综合艺术，它是集合了绘画、电影、数字媒体、摄影、音乐、文学等众多艺术门类于一体的艺术表现形式。在 Premiere 中，用户可以为素材添加关键帧，从而让静态的对象动起来。

本章要点

⭐ **能力目标**

❖ 认识关键帧动画

❖ 熟悉关键帧的基本操作

❖ 掌握关键帧的应用

5.1 认识关键帧动画

关键帧动画是Premiere中很实用的功能。用户可以为素材的属性设置两个或多个关键帧来制作动画，使得画面效果更丰富。

5.1.1 关键帧动画

关键帧动画是指在某两个或多个时间点，对象的状态发生变化而产生的动画。为素材添加关键帧动画的效果如图5-1所示。

图 5-1

5.1.2 关键帧动画制作过程

导入素材，接着将【项目】面板中的素材拖曳到【时间轴】面板中，如图5-2所示。

图 5-2

在【时间轴】面板中选中1.jpg素材文件，接着在【效果控件】面板中展开【运动】和【不透明度】进行相应的属性设置，如图5-3所示。

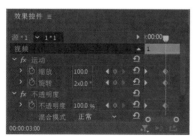

图 5-3

此时滑动时间线，画面过渡效果如图5-4所示。

图 5-4

5.2 激活、创建关键帧动画

在【时间轴】面板中选中素材，接着在【效果控件】面板中展开【运动】，将时间线滑动至合适位置，单击【位置】属性左边的 ⊙（切换动画）按钮，激活关键帧，此时在【时间轴视图】中创建一个关键帧，如图5-5所示。

图 5-5

5.3 添加关键帧

将时间线滑动至合适位置，调整【位置】属性的参数可以在当前位置添加关键帧，如图5-6所示。

图 5-6

如果在不调整参数的状态下添加关键

Premiere Pro 2022 影视编辑与特效制作案例教程（全彩慕课版）

帧，则单击【位置】属性右边的▶◆▶（添加或移除关键帧）按钮，会在当前时间线位置添加关键帧，如图5-7所示。

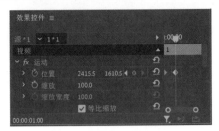

图 5-7

此外，还在【效果控件】面板中单击选中【位置】属性，如图5-8所示。

图 5-8

在【节目监视器】面板中将素材拖曳到合适位置，如图5-9所示。

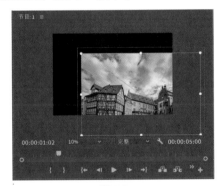

图 5-9

此时也会在当前时间线位置添加关键帧，如图5-10所示。

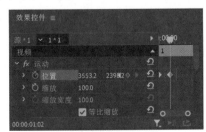

图 5-10

5.4 移动关键帧

在【效果控件】面板的【时间轴视图】区域中，将时间线滑动至合适位置，单击或者框选需要移动的关键帧，按住鼠标左键拖曳即可移动关键帧，如图5-11所示。

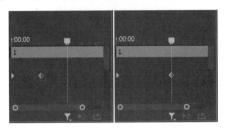

图 5-11

5.5 复制关键帧

在【效果控件】面板的【时间轴视图】区域中选择需要复制的关键帧，按Ctrl+C组合键进复制，接着将时间线滑动至合适位置，按Ctrl+V组合键进行粘贴，即可复制关键帧，如图5-12所示。（注意：关键帧还可以在一个素材中复制，并在另一个素材的相同属性中粘贴，但仅可在同一个属性中复制、粘贴。）

图 5-12

此外，还可以选中关键帧，在按住Alt键的同时，按住鼠标左键并拖曳到合适位置以复制关键帧，如图5-13所示。

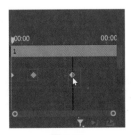

图 5-13

5.6 移除关键帧

在【时间轴】面板的时间线区域中选择需要移除的关键帧，按Delete键，即可移除关键帧，如图5-14所示。

图 5-14

此外，还可以将时间线滑动至想要移除的关键帧上，单击【位置】属性右边的■◆■（添加或移除关键帧）按钮，移除关键帧，如图5-15所示。

图 5-15

在【效果控件】面板中单击【位置】属性左边的■（切换动画）按钮，如图5-16所示。

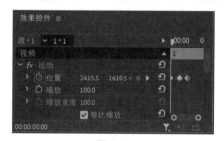

图 5-16

在弹出的对话框中单击【确定】按钮，如图5-17所示。

图 5-17

此时【位置】属性的所有关键帧被移除，如图5-18所示。

图 5-18

5.7 时间重映射

时间重映射可将素材进行加速、减速、倒放以及定格，使画面产生节奏变化。

导入素材，在【时间轴】面板中选中素材，单击鼠标右键，在弹出的快捷菜单中执行【显示剪辑关键帧】→【时间重映射】→【速度】命令，如图5-19所示。

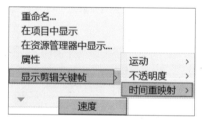

图 5-19

或者单击素材的【效果属性】按钮，接着单击鼠标右键，在弹出的快捷菜单中执行【时间重映射】→【速度】命令，如图5-20所示。

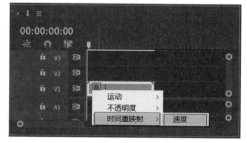

图 5-20

在【时间轴】面板中的V1轨道左边空白位置双击展开V1轨道，接着将时间线滑动至合适位置，在按住Ctrl键的同时，在

Premiere Pro 2022 影视编辑与特效制作案例教程（全彩慕课版）

当时时间线上单击添加关键帧，如图5-21所示。

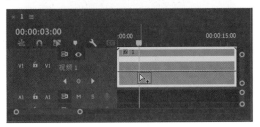

图 5-21

或者单击V1轨道右边的 ◄ ◆ ►（添加或移除关键帧）按钮，也可以在时间线当前位置添加关键帧，如图5-22所示。

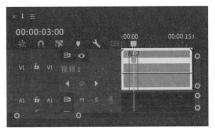

图 5-22

将鼠标指针定位到速率线上，将其向上拖曳，可加快视频播放速度，如图5-23所示。

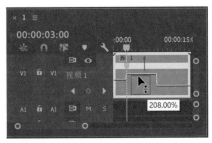

图 5-23

反之，将速率线向下拖曳，可降低视频播放速度，如图5-24所示。

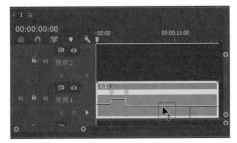

图 5-24

5.8 关键帧插值

在Premiere Pro中，【关键帧插值】可以调整运动速度及路径。【关键帧插值】又包括【临时插值】和【空间插值】。

5.8.1 临时插值

【临时插值】可以调整运动速度的快慢。【临时插值】包含线性、贝塞尔曲线、自动贝塞尔曲线、连续贝塞尔曲线、定格、缓入和缓出，如图5-25所示。（注意：仅线性方式为匀速。）

图 5-25

在【效果控件】面板中为【位置】属性添加关键帧动画，如图5-26所示。

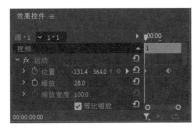

图 5-26

在【效果控件】面板中选中所有关键帧，单击鼠标右键，在弹出的快捷菜单中执行【临时插值】→【连续贝塞尔曲线】命令，如图5-27所示。

图 5-27

在【效果控件】面板中展开【位置】属性，接着在【时间轴视图】区域中调整路径形状，如图5-28所示。

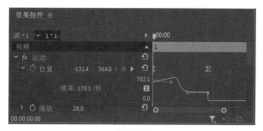

图 5-28

此时素材运动速度路径如图5-29所示。（注：点越密集，表示素材运动速度越快）

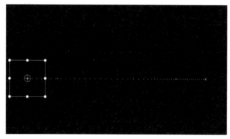

图 5-29

5.8.2 空间插值

【空间插值】用于调整运动路径。【空间插值】包含线性、贝塞尔曲线、自动贝塞尔曲线、连续贝塞尔曲线，如图5-30所示。

图 5-30

在【效果控件】面板中选中所有关键帧，接着单击鼠标右键，在弹出的快捷菜单中执行【空间插值】→【贝塞尔曲线】命令，如图5-31所示。

图 5-31

在【节目监视器】面板中调整控制柄改变运动形状，如图5-32所示。

图 5-32

此时滑动时间线，画面效果如图5-33所示。

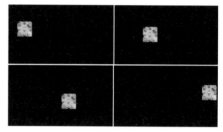

图 5-33

5.9 实操：春夏秋冬四季动画

文件路径：资源包\案例文件\第5章 动画\实操：春夏秋冬四季动画

本案例使用【关键帧】制作素材的缩放和不透明度的动画变化，从而模拟四季变换效果。案例效果如图5-34所示。

图 5-34

5.9.1 项目诉求

本案例是以"四季风景"为主题的短视频宣传项目。要求具有不同季节的风景变换视频，且能够突出四季的特点。

5.9.2 设计思路

本案例以节气顺序为基本设计思路，采用春夏秋冬四季变换的方式呈现各个季节不同的美，并且画面转换时由亮到暗，再由暗到亮，给人季节变换的感觉。

5.9.3 配色方案

本案例采用小清新风格作为整个画面颜色的风格，给人淡然、清透的感觉，同时也营造出一种怡然自得的感觉。

5.9.4 项目实战

操作步骤：

（1）新建序列。执行【文件】→【新建】→【项目】命令，新建一个项目。执行【文件】→【新建】→【序列】命令，在【新建序列】对话框中单击【设置】按钮，在打开的对话框中设置【编辑模式】为自定义，【时基】为25.00帧/秒，【帧大小】为1300、【水平】为866，【像素长宽比】为方形像素（1.0）。执行【文件】→【导入】命令，导入全部素材，如图5-35所示。

图 5-35

（2）在【项目】面板中选择春.jpg素材文件，并按住鼠标左键将其拖曳到【时间轴】面板中的V1轨道上，设置春.jpg的结束时间为20帧，如图5-36所示。

图 5-36

（3）此时画面效果如图5-37所示。

图 5-37

（4）在【时间轴】面板中选择V1轨道上的春.jpg素材文件，在【效果控件】面板中展开【运动】与【不透明度】，将时间线滑动至起始时间位置，单击【缩放】与【不透明度】左边的 （切换动画）按钮，设置【缩放】为22.0，【不透明度】为0.0%，如图5-38所示。接着将时间线滑动至10帧位置，设置【不透明度】为100.0%。将时间线滑动至20帧位置，设置【缩放】为300.0，【不透明度】为0.0%。

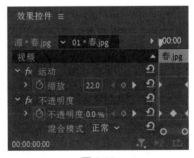

图 5-38

（5）在【项目】面板中选择夏.jpg素材文件，将其拖曳到【时间轴】面板中V1轨道上的春.jpg右边，设置夏.jpg的结束时间为1秒15帧，如图5-39所示。

图 5-39

（6）在【时间轴】面板中选择V1轨道上的夏.jpg素材文件，在【效果控件】面板中展开【运动】与【不透明度】，将时间线滑动至20帧位置，单击【缩放】与【不透明度】左边的 ⏱（切换动画）按钮，设置【缩放】为33.0，【不透明度】为0.0%，如图5-40所示。接着将时间线滑动至1秒05帧位置，设置【不透明度】为100.0%。将时间线滑动至1秒15帧位置，设置【缩放】为300.0，【不透明度】为0.0%。

图 5-40

（7）在【项目】面板中选择秋.jpg素材文件，并按住鼠标左键将其拖曳到【时间轴】面板中V1轨道上的夏.jpg右边，设置夏.jpg的结束时间为2秒10帧，如图5-41所示。

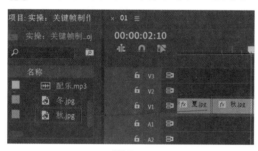

图 5-41

（8）在【时间轴】面板中选择V1轨道上的秋.jpg素材文件，在【效果控件】面板中展开【运动】与【不透明度】，将时间线滑动至1秒15帧位置，单击【缩放】与【不透明度】左边的 ⏱（切换动画）按钮，设置【缩放】为26.0，【不透明度】为0.0%，如图5-42所示。接着将时间线滑动至2秒位置，设置【不透明度】为100.0%。将时间线滑动至2秒10帧位置，设置【缩放】为300.0，【不透明度】为0.0%。

（9）在【项目】面板中选择冬.jpg素材

文件，并将其拖曳到【时间轴】面板中V1轨道上的秋.jpg右边，设置冬.jpg的结束时间为3秒05帧，如图5-43所示。

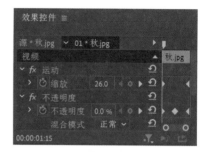

图 5-42

图 5-43

（10）在【时间轴】面板中选择V1轨道上的冬.jpg素材文件，在【效果控件】面板中展开【运动】与【不透明度】，将时间线滑动至2秒10帧位置，单击【缩放】与【不透明度】左边的 ⏱（切换动画）按钮，设置【缩放】为25.0，【不透明度】为0.0%，如图5-44所示。接着将时间线滑动至2秒20帧位置，设置【不透明度】为100.0%。将时间线滑动至3秒05帧位置，设置【缩放】为300.0，【不透明度】为0.0%。

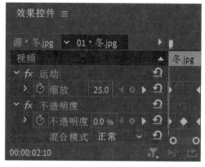

图 5-44

（11）滑动时间线，此时画面效果如图5-45所示。

图 5-45

（12）在【项目】面板中将配乐.mp3素材文件拖曳到【时间轴】面板中的A1轨道上，如图5-46所示。

图 5-46

（13）在【时间轴】面板中选择A1轨道上的配乐.mp3素材文件，将时间线滑动至3秒05帧位置，选择配乐.mp3素材文件，按Ctrl+K组合键进行裁剪，如图5-47所示。

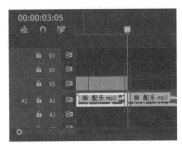

图 5-47

（14）选择时间线右边的素材文件，单击配乐.mp3素材，按Delete键删除，如图5-48所示。

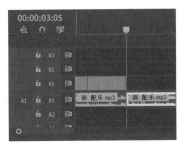

图 5-48

（15）此时本案例制作完成，画面效果如图5-49所示。

图 5-49

5.10 实操：婚礼照片动画

文件路径：资源包\案例文件\第5章动画\实操：婚礼照片动画

本案例使用【基本 3D】与【径向阴影】效果通过调整关键帧动画，完成照片飞舞的效果，并使用【混合模式】制作烟花效果，如图5-50所示。

图 5-50

5.10.1 项目诉求

本案例是以"婚礼相册"为主题的短视频制作项目。婚礼电子相册常用于婚礼庆典中来凸显氛围感。要求视频具有电子相册的独特性，且能够突出幸福快乐的气氛。

5.10.2 设计思路

本案例以照片散落为基本设计思路，采用将照片通过各种角度不断散落平铺在桌面上来展示照片，并制作烟花效果，以突出婚礼的喜悦与幸福氛围。

5.10.3 配色方案

主色：浅粉红色作为主色，给人甜美、欢快的感觉，并且烘托画面氛围，同时突出画面照片，吸引人们将视觉重心放在照片上，如图5-51所示。

图 5-51

辅助色：本案例采用白色与黑色作为辅助色，白色与黑色具有成熟、内敛、庄重的特点，如图5-52所示。

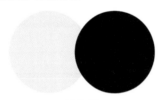

图 5-52

画面选用苔藓绿色、金色作为点缀色。这两种颜色为邻近色，使画面更为协调，也更加凸显活力，但画面颜色又不过于压抑，如图5-53所示。

图 5-53

5.10.4 版面构图

本案例采用自由型的构图方式（见图5-54），将照片作为展示的主图，给人散落照片的动感效果，而且照片前方的烟花丰富了画面的细节效果。

图 5-54

5.10.5 项目实战

操作步骤：

（1）新建序列。执行【文件】→【新建】→【项目】命令，新建一个项目。执行【文件】→【新建】→【序列】命令，在【新建序列】对话框中单击【设置】按钮，在打开的对话框中设置【编辑模式】为HDV 1080p，【时基】为23.976帧/秒，【像素长宽比】为HD变形1080（1.333），如图5-55所示。

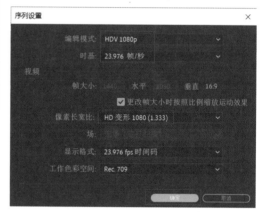

图 5-55

（2）执行【文件】→【导入】命令，导入全部素材。在【项目】面板中选择背景.jpg素材文件，并按住鼠标左键将其拖曳到【时间轴】面板中的V1轨道上，设置背景.jpg的结束时间为5秒21帧，如图5-56所示。

图 5-56

Premiere Pro 2022 影视编辑与特效制作案例教程（全彩慕课版）

（3）此时画面效果如图5-57所示。

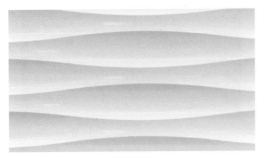

图 5-57

（4）在【时间轴】面板中选择V1轨道上的背景.jpg，在【效果控件】面板中展开【运动】，设置【缩放】为35.0，如图5-58所示。

图 5-58

（5）在【项目】面板中选择01.jpg素材文件，并将其拖曳到【时间轴】面板中的V2轨道上，设置01.jpg的结束时间为5秒21帧，如图5-59所示。

图 5-59

（6）在【时间轴】面板中选择V2轨道上的01.jpg素材文件，在【效果控件】面板中展开【运动】，设置【旋转】为-15.0°，将时间线滑动至起始时间位置，单击【位置】左边的 ⏱（切换动画）按钮，设置【位置】为（-300.0,751.0），如图5-60所示。接着将时间线滑动至1秒位置，设置【位置】为（500.0,751.0）。

图 5-60

（7）在【效果】面板中搜索【基本 3D】效果，接着将该效果拖曳到01.jpg素材文件上，如图5-61所示。

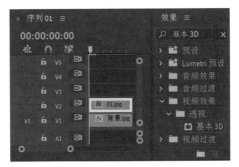

图 5-61

（8）在【时间轴】面板中选择V2轨道上的01.jpg素材文件，在【效果控件】面板中展开【基本 3D】，将时间线滑动至起始时间位置，单击【旋转】左边的 ⏱（切换动画）按钮，设置【旋转】为50.0°，接着将时间线滑动至1秒位置，设置【旋转】为0.0°，【倾斜】为0.0，【与图像的距离】为15.0，如图5-62所示。

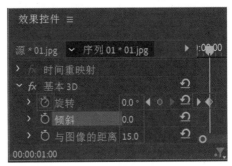

图 5-62

（9）在【效果】面板中搜索【径向阴影】效果，接着将该效果拖曳到01.jpg素材文件上，如图5-63所示。

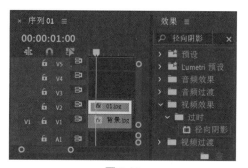

图 5-63

（10）在【时间轴】面板中选择V2轨道上的01.jpg素材文件，在【效果控件】面板中展开【径向阴影】，设置【不透明度】为30.0%，【光源】为（100.0,120.0），【投影距离】为2.0，【柔和度】为40.0，如图5-64所示。

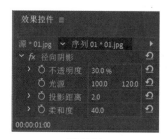

图 5-64

（11）在【项目】面板中选择02.jpg素材文件，并将其拖曳到【时间轴】面板中V3轨道的1秒位置，如图5-65所示，设置02.jpg的结束时间为5秒21帧。

图 5-65

（12）在【时间轴】面板中选择V3轨道上的02.jpg素材文件，在【效果控件】面板中展开【运动】，设置【旋转】为30.0°，将时间线滑动至1秒位置，单击【位置】左边的（切换动画）按钮，设置【位置】为（1000.0,−331.0），如图5-66所示。接着将时间线滑动至1秒11帧位置，设置【位置】为（900.0,750.0）。

图 5-66

（13）在【效果】面板中搜索【基本3D】效果，接着将该效果拖曳到02.jpg素材文件上，如图5-67所示。

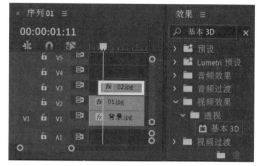

图 5-67

（14）在【时间轴】面板中选择V3轨道上的02.jpg素材文件，在【效果控件】面板中展开【基本3D】，设置【旋转】为7.5°，将时间线滑动至1秒位置，单击【倾斜】左边的（切换动画）按钮，设置【倾斜】为20.0°，接着将时间线滑动至1秒11帧位置，设置【倾斜】为0.0，【与图像的距离】为15.0，如图5-68所示。

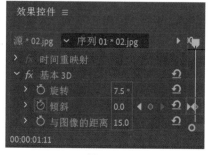

图 5-68

（15）在【效果】面板中搜索【径向阴影】效果，接着将该效果拖曳到02.jpg素材文件上，如图5-69所示。

Premiere Pro 2022 影视编辑与特效制作案例教程（全彩幕课版）

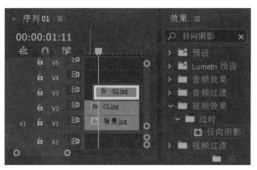

图 5-69

（16）在【时间轴】面板中选择V3轨道上的02.jpg素材文件，在【效果控件】面板中展开【径向阴影】，设置【不透明度】为30.0%，【光源】为（100.0,120.0），【投影距离】为2.0，【柔和度】为40.0，如图5-70所示。

图 5-70

（17）滑动时间线，此时画面效果如图5-71所示。

图 5-71

（18）使用同样的方法为03.jpg与04.jpg素材文件设置合适的持续时间、【位置】、【旋转】、【基本3D】与【径向阴影】参数，效果如图5-72所示。

（19）在【项目】面板中选择05.mp4素材文件，并将其拖曳到【时间轴】面板中的V6轨道上，设置05.mp4的起始时间时间为1秒18帧，如图5-73所示。

图 5-72

图 5-73

（20）在【时间轴】面板中选择V6轨道上的05.mp4素材文件，在【效果控件】面板中展开【运动】，设置【位置】为（720.0,192.0）、【缩放】为150.0，如图5-74所示。

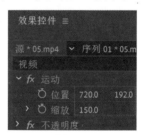

图 5-74

（21）展开【不透明度】，设置【混合模式】为变亮，如图5-75所示。

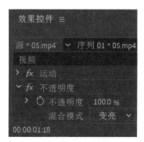

图 5-75

（22）此时本案例制作完成，画面效果如图5-76所示。

图 5-76

5.11 实操：模拟拍照动画

文件路径：资源包\案例文件\第5章动画\实操：模拟拍照动画

本案例使用【高斯模糊】效果制作背景模糊效果，并使用【添加帧定格】、【变换】、【油漆桶】效果制作拍照效果，如图5-77所示。

图 5-77

5.11.1 项目诉求

本案例是以"度假"为主题的短视频制作项目。假期给人美好、幽静的感觉，要求视频能够体现出度假的美好。

5.11.2 设计思路

本案例以模拟拍照为基本设计思路，采用将拍摄人物的背影不断放大到合适的大小来制作拍照效果，并制作文字以突出主题。

5.11.3 配色方案

本案例采用小清新风格，整体给人清新、淡雅的感觉。画面以蓝色为主色，给人清冷、辽阔的感觉，使人觉得放松、舒适。

5.11.4 版面构图

本案例采用倾斜型的构图方式（见图5-78），将倾斜照片作为展示的主图，给人照片拍摄后自由散落的动感效果，使画面更加丰富，更具有层次感。

图 5-78

5.11.5 项目实战

操作步骤：

（1）新建序列。执行【文件】→【新建】→【项目】命令，新建一个项目。执行【文件】→【新建】→【序列】命令，在【新建序列】对话框中单击【设置】按钮，在打开的对话框中设置【编辑模式】为自定义，【时基】为25.00帧/秒，【帧大小】为1920，【水平】为1080，【像素长宽比】为方形像素（1.0），如图5-79所示。

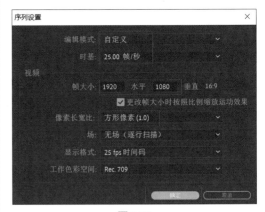

图 5-79

（2）执行【文件】→【导入】命令，导入全部素材。在【项目】面板中选择素材.mp4素材文件，并按住鼠标左键将其拖曳到【时间轴】面板中的V1轨道上，如图5-80所示。

图 5-80

（3）此时画面效果如图5-81所示。

图 5-81

（4）将时间线滑动至10秒01帧位置，在【时间轴】面板中用鼠标右键单击素材.mp4，在弹出的快捷菜单中执行【添加帧定格】命令，如图5-82所示。

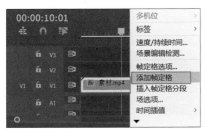

图 5-82

（5）单击选择时间线左边的素材.mp4素材文件，按Delete键删除，如图5-83所示。

图 5-83

（6）在【效果】面板中搜索【高斯模糊】效果，接着将该效果拖曳到素材.mp4素材文件上，如图5-84所示。

图 5-84

（7）在【时间轴】面板中选择V1轨道上的素材.mp4，在【效果控件】面板中展开【高斯模糊】，设置【模糊度】为80.0，勾选【重复边缘像素】复选框，如图5-85所示。

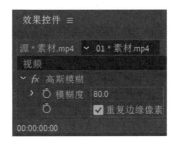

图 5-85

（8）在【项目】面板中再次选择素材.mp4素材文件，并将其拖曳到【时间轴】面板中的V2轨道上，如图5-86所示。

图 5-86

（9）将【时间线】滑动至10秒01帧位置，用鼠标右键单击V2轨道上的素材.mp4素材文件，在弹出的快捷菜单中执行【添加帧定格】命令，如图5-87所示。

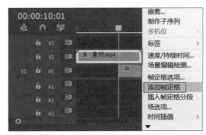

图 5-87

（10）在【效果】面板中搜索【变换】效果，接着将该效果拖曳到V2轨道10秒01帧的素材.mp4素材文件上，如图5-88所示。

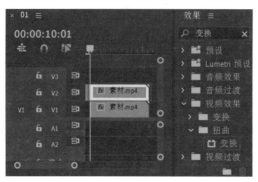

图 5-88

（11）在【时间轴】面板中选择V2轨道上10秒01帧的素材.mp4，在【效果控件】面板中展开【变换】，勾选【等比缩放】复选框，将时间线滑动至10秒01帧的位置，单击【缩放】、【旋转】左边的 ⏱ （切换动画）按钮，设置【缩放】为100.0，【旋转】为0.0，如图5-89所示。接着将时间线滑动至10秒11帧位置，设置【缩放】为65.0，【旋转】为10.0°。

图 5-89

（12）在【效果】面板中搜索【油漆桶】效果，接着将该效果拖曳到V2轨道10秒01帧的素材.mp4素材文件上，如图5-90所示。

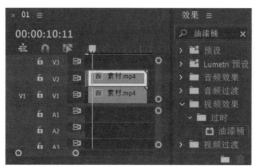

图 5-90

（13）在【时间轴】面板中选择V2轨道上10秒01帧的素材.mp4，在【效果控件】面板中展开【油漆桶】，设置【填充选择器】为不透明度，【描边】为描边，【描边宽度】为5.0，【颜色】为白色，如图5-91所示。

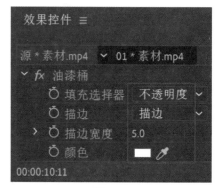

图 5-91

（14）滑动时间线，此时画面效果如图5-92所示。（如果未出现描边效果，还可以对该图层先执行右键-嵌套，再添加【油漆桶】效果）

图 5-92

（15）在【效果】面板中搜索【白场过渡】效果，接着将该效果拖曳到V2轨道10秒01帧的位置，如图5-93所示。

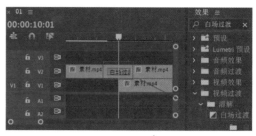

图 5-93

（16）在【时间轴】面板中选中【白场过渡】效果，在【效果控件】面板中设置【持续时间】为12帧，如图5-94所示。

Premiere Pro 2022
影视编辑与特效制作案例教程（全彩慕课版）

图 5-94

（17）将时间线滑动至10帧位置，在【工具】面板中单击 ![T] （文字工具）按钮，在【节目监视器】面板中的合适位置输入合适的内容，如图5-95所示。

图 5-95

（18）在【效果控件】面板中设置合适的【字体系列】和【字体样式】，设置【字体大小】为219，【对齐方式】为 ![左对齐文本] （左对齐文本）与 ![顶对齐文本] （顶对齐文本），【填充】为白色，展开【变换】，设置【位置】为（527.8,575.2），如图5-96所示。

图 5-96

（19）在【效果】面板中搜索【快速模糊入点】效果，接着将该效果拖曳到V3轨道的文字图层上，如图5-97所示。

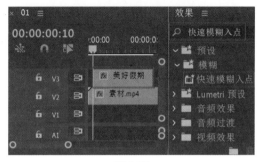

图 5-97

（20）滑动时间线，此时画面效果如图5-98所示。

图 5-98

（21）在【项目】面板中将咔嚓声.wav拖动至【时间轴】面板中A1轨道9秒14帧的位置，如图5-99所示。

图 5-99

（22）在【项目】面板中将音乐.mp3素材文件拖曳到【时间轴】面板中的A2轨道上，如图5-100所示。

图 5-100

（23）将时间线滑动至15秒16帧位置，在【时间轴】面板中选择A2轨道中的音乐.mp3素材文件，按Ctrl+K组合键进行裁剪，如图5-101所示。

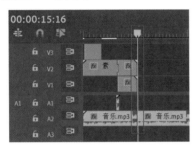

图 5-101

（24）选择15秒16帧右边的音乐.mp3素材文件，按Delete键删除，如图5-102所示。

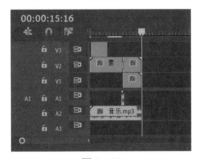

图 5-102

（25）此时本案例制作完成，画面效果如图5-103所示。

图 5-103

5.12 扩展练习：中秋节动态海报

文件路径：资源包\案例文件\第5章动画\扩展练习：中秋节动态海报

本案例使用【四色渐变】与【调整图层】效果制作画面背景，并使用【快速模糊】、【轨道遮罩键】、【不透明度】效果制作画面动态效果，如图5-104所示。

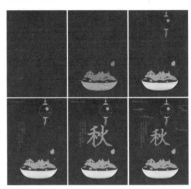

图 5-104

5.12.1 项目诉求

本案例是以"中秋"为主题的节日宣传海报设计项目。花灯与月饼常常是中秋给人的印象。海报要求具有中式韵味，且能够表现节日的特色。

5.12.2 设计思路

本案例以中式简约之美为基本设计思路，将"秋"字置于画面中心位置，同时加入中式元素"祥云"作为视觉符号，并加入家乡的剪影体现节日特征，最后加入竖式古诗彰显国风文化的魅力。

5.12.3 配色方案

主色：红色作为主色，给人欢快、兴奋的感受，同时也将节日特征完美呈现，如图5-105所示。运用高明度的红色作为背景色，也十分易于表现画面中的其他元素。

图 5-105

辅助色：本案例采用金色与雪白色作为辅助色，如图5-106所示。金色具有高贵、鲜活的特点，而雪白色使画面整体更具有稳定性。将金色运用在文字部分，凸显中秋节欢乐的氛围。

图 5-106

5.12.4 版面构图

本案例采用自由型的构图方式（见图5-107），将"秋"字作为主题，而且在"秋"字侧面也给出一个版块用于传达与主题相关的信息，同时也丰富了画面的细节效果。

图 5-107

5.12.5 项目实战

操作步骤：

（1）新建序列。执行【文件】→【新建】→【项目】命令，新建项目。执行【文件】→【新建】→【序列】命令，在【新建序列】对话框中单击【设置】按钮，在打开的对话框中设置【编辑模式】为自定义，【时基】为25.00帧/秒，【帧大小】为2481，【水平】为3508，【像素长宽比】为方形像素（1.0），如图5-108所示。

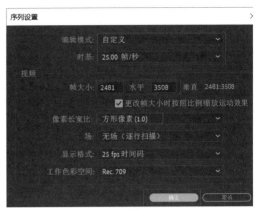

图 5-108

（2）执行【文件】→【新建】→【项目】命令，新建一个项目。执行【文件】→【导入】命令，导入全部素材。在【项目】面板中选择2.jpg素材文件，并将其拖曳到【时间轴】面板中的V1轨道上，如图5-109所示。

图 5-109

（3）此时画面效果如图5-110所示。

图 5-110

（4）在【项目】面板中用鼠标右键单击，在弹出的快捷菜单中执行【新建项目】→【调整图层】命令，如图5-111所示。

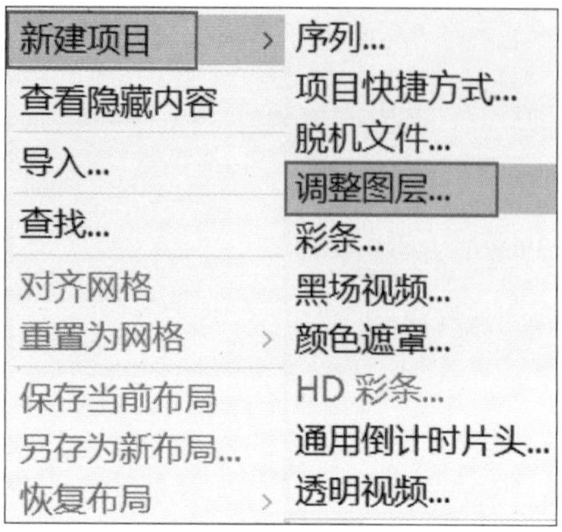

图 5-111

（5）在【项目】面板中选择调整图层，并将其拖曳到【时间轴】面板中的V2轨道上，如图5-112所示。

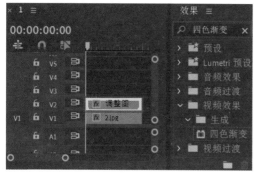

图 5-112

（6）在【效果】面板中搜索【四色渐变】效果，接着将该效果拖曳到调整图层上，如图5-113所示。

图 5-113

（7）在【时间轴】面板中选择V2轨道上的调整图层，在【效果控件】面板中展开【四色渐变】→【位置和颜色】，设置【点1】为（1240.5,248.0），【颜色1】为深红色，设

置【点2】为（1216.9,1039.4），【颜色2】为红色，设置【点3】为（1205.1,2090.6），【颜色3】为白色，设置【点4】为（1205.1,3271.8），【颜色4】为粉红色，设置【混合】为50.0,【混合模式】为叠加，如图5-114所示。

图 5-114

（8）展开【不透明度】，设置【混合模式】为柔光，如图5-115所示。

图 5-115

（9）此时画面与之前画面的对比如图5-116所示。

图 5-116

Premiere Pro 2022

影视编辑与特效制作案例教程（全彩慕课版）

（10）在【项目】面板中选择1.png，并将其拖曳到【时间轴】面板中的V3轨道上，如图5-117所示。

图 5-117

（11）在【时间轴】面板中选择V3轨道上的1.png素材文件，在【效果控件】面板中展开【运动】，设置【位置】为（1240.5,2667.8），如图5-118所示。

图 5-118

（12）在【效果】面板中搜索【块溶解】效果，接着将该效果拖曳到1.png素材文件上。在【时间轴】面板中选择V3轨道上的1.png，在【效果控件】面板中展开【块溶解】，将时间线滑动至起始时间位置，单击【过渡完成】左边的（切换动画）按钮，设置【过渡完成】为100%，【块宽度】为1.0，【块高度】为1.0，如图5-119所示。将时间线滑动至13帧位置，设置【过渡完成】为0%。

图 5-119

（13）在【项目】面板中选择3.png，并将其拖曳到【时间轴】面板中的V4轨道上，如图5-120所示。

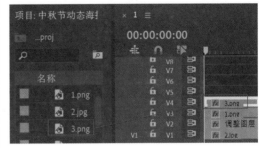

图 5-120

（14）在【时间轴】面板中选择V4轨道上的3.png素材文件，在【效果控件】面板中展开【运动】，设置【位置】为（1817.2,606.9），如图5-121所示。

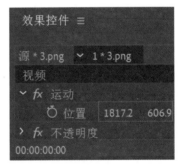

图 5-121

（15）在【效果】面板中搜索【快速模糊】效果，接着将该效果拖曳到V4轨道上，如图5-122所示。

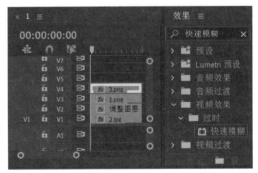

图 5-122

（16）在【时间轴】面板中选择V4轨道上的3.png素材文件，在【效果控件】面板中展开【快速模糊】，将时间线滑动至起始时间位置，单击【模糊度】左边的（切换动画）按钮，设置【模糊度】为700.0，勾选【重复边缘像素】复选框，如图5-123所示。将时间线滑动至18帧位置，设置【模糊度】为0.0。

图 5-123

（17）在【项目】面板中将5.png素材文件拖曳到【时间轴】面板中的V5轨道上，如图5-124所示。

图 5-124

（18）在【工具】面板中单击 T （文字工具）按钮，在【节目控制器】面板中单击合适的位置并输入合适的文字内容，如图5-125所示。

图 5-125

（19）在【效果控制】面板中设置合适的【字体系列】和【字体样式】，设置【文字大小】为866，【对齐方式】为 ■（左对齐文本）与 ■（顶对齐文本），【填充】

为白色，展开【变换】，设置【位置】为（853.3,1828.5），如图5-126所示。

图 5-126

（20）在【时间轴】面板中选择V6轨道上的文字图层，在【效果控件】面板中展开【运动】、【不透明度】，将时间线滑动至1秒05帧位置，单击【缩放】、【不透明度】左边的 ◎（切换动画）按钮，设置【缩放】为100.0，【不透明度】为100.0%，如图5-127所示。将时间线滑动至1秒16帧位置，设置【缩放】为126.0，【不透明度】为100%。将时间线滑动至1秒22帧位置，设置【缩放】为100.0。

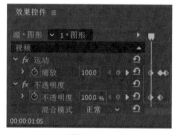

图 5-127

（21）在【效果】面板中搜索【轨道遮罩键】效果，接着将该效果拖曳到V5轨道的5.png素材文件上，如图5-128所示。

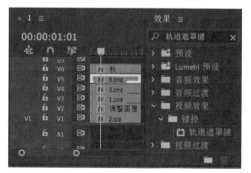

图 5-128

Premiere Pro 2022
影视编辑与特效制作案例教程（全彩慕课版）

（22）在【时间轴】面板中选择V5轨道上的5.png素材文件，在【效果控件】面板中展开【轨道遮罩键】，设置【遮罩】为视频6，如图5-129所示。

图 5-129

（23）滑动时间线，此时画面效果如图5-130所示。

图 5-130

（24）在菜单栏中执行【文件】→【新建】→【旧版标题】命令，如图5-131所示。

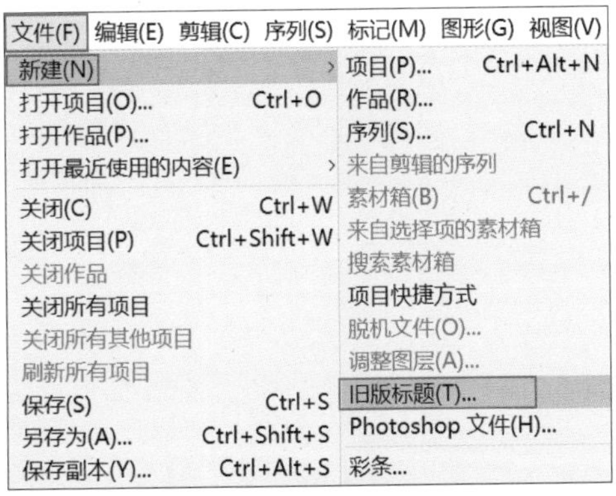

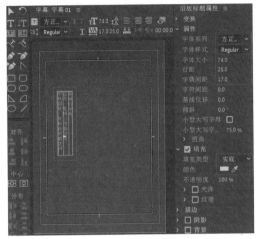

图 5-131

（25）打开【新建字幕】对话框，设置【名称】为字幕01。在【字幕】面板中单击【垂直文字工具】按钮，在工作区域中合适的位置输入文字内容。在右侧的【旧版标题属性】面板中设置【对齐方式】为（左对齐），设置合适的【字体系列】和【字体样式】，设置【字体大小】为74.0，【行距】为25.0，【字偶间距】为17.0，展开【填充】，设置【填充类型】为实底，【颜色】为黄色，如图5-132所示。

图 5-132

（26）在【字幕】面板中单击（文字工具）按钮，在工作区域中合适的位置输入文字内容。在右侧的【旧版标题属性】面板中设置【对齐方式】为（左对齐），设置合适的【字体系列】和【字体样式】，设置【字体大小】为63.0，勾选【小型大写字母】复选框，并开启（粗体），设置【填充类型】为实底，【颜色】为黄色，如图5-133所示。设置完成后，关闭【字幕】面板。

图 5-133

（27）在【项目】面板中将字幕01拖曳到【时间轴】面板中的V7轨道上，如图5-134所示。

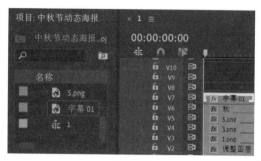

图 5-134

（28）在【时间轴】面板中选择V7轨道上的字幕01，在【效果控件】面板中展开【不透明度】，将时间线滑动至20帧位置，单击【不透明度】左边的█（切换动画）按钮，设置【不透明度】为0.0%，如图5-135所示。将时间线滑动至1秒08帧位置，设置【不透明度】为100%。

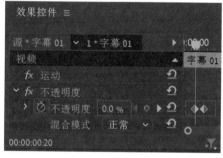

图 5-135

（29）在【工具】面板中单击█（钢笔工具）按钮，在【节目监视器】面板中绘制一个云纹，如图5-136所示。

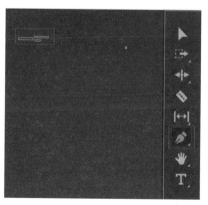

图 5-136

（30）在【时间轴】面板中选择V8轨道上的图形，在【效果控件】面板中展开【不透明度】，将时间线滑动至1秒15帧位置，单击【不透明度】左边的█（切换动画）按钮，设置【不透明度】为0.0%，如图5-137所示。将时间线滑动至1秒16帧位置，设置【不透明度】为100%。

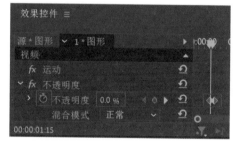

图 5-137

（31）在【节目监视器】面板中再次使用【钢笔工具】绘制剩余的云纹，并设置合适【不透明度】的动画效果，如图5-138所示。

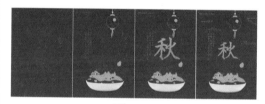

图 5-138

（32）此时本案例制作完成，画面效果如图5-139所示。

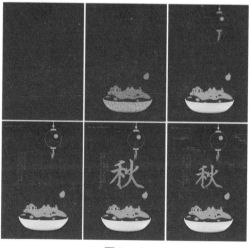

图 5-139

Premiere Pro 2022

影视编辑与特效制作案例教程（全彩慕课版）

5.13 课后习题

1 选择题

1. 以下哪种对关键帧的操作是错误的?( )

   A. 关键帧可以在同一个属性中复制、粘贴

   B. 关键帧可以在不同的属性中复制、粘贴

   C. 关键帧可以在一个素材中复制,并在另一个素材的相同属性中粘贴

   D. 关键帧可以移动、删除

2. 在Premiere中,哪种关键帧类型是匀速的?( )

   A. 线性

   B. 贝塞尔曲线

   C. 自动贝塞尔曲线

   D. 连续贝塞尔曲线

2 填空题

1. 使用【时间重映射】时,在【时间轴】面板中某个轨道前方空白位置 _____ 鼠标左键展开该轨道,接着将时间线滑动到合适位置,在按住 _____ 键的同时,在当前时间线上单击添加关键帧。

2. 选择关键帧,按 _____ 组合键进行复制,并按 _____ 组合键粘贴关键帧。此外,还可以按 _____ 键,并按住鼠标左键将其拖曳到合适位置来复制关键帧。

3 判断题

1. 在对某个属性添加了一个关键帧,并移动时间线到其他位置,且再次修改该参数后,会自动添加第二个关键帧。

   ( )

2. 时间重映射可以调整出具有节奏感的动画效果。 ( )

课后实战

● 弹出动画

作业要求:应用关键帧动画制作一个素材弹出的动画效果。参考效果如图5-140所示。

图 5-140

第**6**章

视频调色

在 Premiere 中，调色是非常重要的功能。Premiere 提供了专业的调色工具及颜色校正工具，用户通过视频调色改变特定的色调，可以使视频画面色彩更加丰富。本章主要介绍调色的过程及调色效果的应用。

本章要点

⭐ **能力目标**

❖ 认识调色
❖ 掌握调色效果的应用

6.1 认识视频调色

在Premiere中对视频进行剪辑后,用户还需要对视频进行逐个或统一调色,使画面色调风格与作品相符。

6.1.1 认识调色

调色是校正有偏差的画面色调或修饰出更具画面风格质感的色调。在Premiere中,用户可以使用效果工具中的【Brightness & Contrast】效果进行简单的颜色校正或【Lumetri预设】效果进行复杂的颜色校正,也可以使用曲线和色轮等高级颜色校正工具来校正画面中太亮、太暗的部分(或校正画面色彩是否过于暗淡),效果如图6-1所示。

图 6-1

6.1.2 为图像调色

导入任意素材,如图6-2所示。

图 6-2

在【效果】面板中搜索【Brightness & Contrast】效果,并将该效果拖曳到素材上,如图6-3所示。

图 6-3

在【时间轴】面板中选中素材,接着在【效果控件】面板中展开【Brightness & Contrast】效果,并设置合适的参数,如图6-4所示。

图 6-4

此时画面效果如图6-5所示。

图 6-5

6.2 颜色校正效果组

颜色校正效果组可以修正和改变图像中的颜色。该效果组包括【ASC CDL】、【Brightness & Contrast】(亮度与对比度)、

【Lumetri颜色】、【广播颜色】、【色彩】、【视频限制器】和【颜色平衡】效果，如图6-6所示。

图 6-6

Brightness & Contrast

Brightness & Contrast效果可以调整图像中的亮度和对比度，添加该效果前后的对比效果如图6-7所示。

图 6-7

6.2.2 ## Lumetri 颜色

Lumetri颜色效果可以调整图像的明暗、色调、色相等，它是最强大的调色效果之一。添加该效果前后的对比效果如图6-8所示。

图 6-8

6.2.3 ## 色彩

色彩效果可以将图像中的黑色和白色映射到指定颜色。添加该效果前后的对比效果如图6-9所示。

图 6-9

6.2.4 ## 颜色平衡

色彩平衡效果可以调整图像中阴影、高光、中间调的RGB通道值来调整画面颜色。添加该效果前后的对比效果如图6-10所示。

图 6-10

6.3 过时效果组

过时效果组可以将图像中的颜色进行分级及校正。该效果组包括【Color Balance（RGB）】（颜色平衡（RGB））、【RGB曲线】、【RGB颜色校正器】、【三向颜色校正器】、【亮度曲线】、【亮度校正器】、【保留颜色】、【快速颜色校正器】、【更改为颜色】、【更改颜色】、【自动对比度】、【自动色阶】、【自动颜色】、【通道混合器】、【阴影/高光】和【颜色平衡（HLS）】效果，如图6-11所示。

图 6-11

6.3.1 ## Color Balance（RGB）

Color Balance（RGB）效果通过调整图像中红、绿、蓝的数值来调整画面颜色。添加该效果前后的对比效果如图6-12所示。

图 6-12

6.3.2 RGB 曲线

RGB曲线效果通过调整各个通道的曲线来调整画面颜色。添加该效果前后的对比效果如图6-13所示。

图 6-13

6.3.3 RGB 颜色校正器

RGB颜色校正器效果通过调整色调、灰度、通道来调整画面颜色。添加该效果前后的对比效果如图6-14所示。

图 6-14

6.3.4 三向颜色校正器

三向颜色校正器效果是通过调整图像的阴影、高光和中间调的颜色来调整图像颜色。添加该效果前后的对比效果如图6-15所示。

图 6-15

6.3.5 亮度曲线

亮度曲线效果可以调整图像的亮部区域。添加该效果前后的对比效果如图6-16所示。

图 6-16

6.3.6 亮度校正器

亮度校正器效果可以通过调整图像的亮度、对比度来调整画面颜色。添加该效果前后的对比效果如图6-17所示。

图 6-17

6.3.7 保留颜色

保留颜色效果可以将图像中的指定颜色保留，将其他颜色变为灰调。添加该效果前后的对比效果如图6-18所示。

图 6-18

6.3.8 快速颜色校正器

快速颜色校正器效果可以调整图像中的色相、明暗、饱和度等。添加该效果前后的对比效果如图6-19所示。

图 6-19

6.3.9 更改为颜色

更改为颜色效果可以将图像中指定的颜色更改为其他颜色。添加该效果前后的对比效果如图6-20所示。

图 6-20

6.3.10 更改颜色

更改颜色效果可以调整图像中指定颜色的色相、亮度和饱和度。添加该效果前后的对比效果如图6-21所示。

图 6-21

6.3.11 自动对比度

自动对比度效果可以自动调整图像的对比度。添加该效果前后的对比效果如图6-22所示。

图 6-22

6.3.12 自动色阶

自动色阶效果可以自动调整图像的色阶。添加该效果前后的对比效果如图6-23所示。

图 6-23

6.3.13 自动颜色

自动颜色效果可以自动调整图像中的颜色。添加该效果前后的对比效果如图6-24所示。

图 6-24

6.3.14 通道混合器

通道混合器效果可以调整图像各个通道的数值来更改画面颜色。添加该效果前后的对比效果如图6-25所示。

图 6-25

6.3.15 阴影 / 高光

阴影/高光效果可以调整图像的阴影和高光数值来调整画面颜色。添加该效果前后的对比效果如图6-26所示。

图 6-26

6.3.16 颜色平衡（HLS）

颜色平衡（HLS）效果可以通过调整图像的色相、亮度和饱和度来调整画面颜色。添加该效果前后的对比效果如图6-27所示。

图 6-27

6.4 图像控制效果组

图像控制效果组可以更改图像的色彩。该效果组包括【Color Pass】(颜色过滤)、【Color Replace】(颜色替换)、【Gamma Correction】(灰度系数校正)和【黑白】效果，如图6-28所示。

图 6-28

6.4.1 Color Pass

Color Pass效果可以将图像中的颜色进行过滤。添加该效果前后的对比效果如图6-29所示。

图 6-29

6.4.2 Color Replace

Color Replace效果可以将图像中指定的颜色替换为新的颜色。添加该效果前后的对比效果如图6-30所示。

图 6-30

6.4.3 Gamma Correction

Gamma Correction效果可以将图像中的灰度系数进行校正。添加该效果前后的对比效果如图6-31所示。

图 6-31

6.4.4 黑白

黑白效果可以将图像中的颜色变为灰调。添加该效果前后的对比效果如图6-32所示。

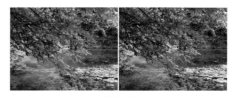

图 6-32

6.5 实操：打造清新蓝调效果

文件路径：资源包\案例文件\第6章 视频调色\实操：打造清新蓝调效果

本案例使用【快速颜色校正器】效果调整色相，制作清新蓝调效果，如图6-33所示。

图 6-33

6.5.1 项目诉求

本案例是以"打造清新感画面"为主题的视频宣传项目。画面中不同颜色的色调给人不同的感觉。要求视频具有清新感，且能够表现出唯美朦胧的效果。

6.5.2 设计思路

本案例以冷色调的清新感为基本设计思路。冷色调给人安静、清凉的感觉，冷色调包括绿色、蓝色、紫色这3种色调。其中，蓝色调给人清冷、雅致的感觉。

6.5.3 配色方案

主色：浅海蓝色作为主色，给人稳重、清冷的感觉，同时为整个画面增加了一份朦胧感。朦胧的蓝色调清冷、明亮，给人开阔的视觉效果，如图6-34所示。

辅助色：本案例采用爱丽丝蓝色与枯叶绿色作为辅助色，如图6-35所示。爱丽丝蓝色与主色为同类色，与枯叶绿色则为邻近色，这两种颜色与主色相结合，给人淡雅、柔和的感觉，同时具有层次感。

图 6-34　　　　　图 6-35

6.5.4 项目实战

操作步骤：

（1）新建序列。执行【文件】→【新建】→【项目】命令，新建项目。执行【文件】→【新建】→【序列】命令，在【新建序列】对话框中单击【设置】按钮，在打开的对话框中设置【编辑模式】为自定义，【时基】为25.00帧/秒，【帧大小】为2560，【水平】为1440，【像素长宽比】为方形像素（1.0），如图6-36所示。

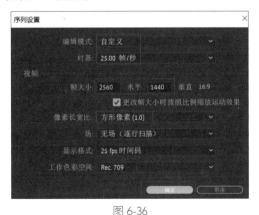

图 6-36

（2）执行【文件】→【导入】命令，导入全部素材。在【项目】面板中选择01.mp4素材文件，并将其拖曳到【时间轴】面板中的V1轨道上，如图6-37所示。

图 6-37

（3）此时画面效果如图6-38所示。

图 6-38

（4）将时间线滑动至6秒位置，在【时间轴】面板中选择V1轨道上的01.mp4素材文件，按W键删除时间线右边的素材文件，如图6-39所示。

图 6-39

（5）在【时间轴】面板中选择V1轨道上的01.mp4素材文件，在【效果控件】面板中展开【运动】，设置【缩放】为67.0，如图6-40所示。

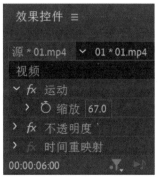

图 6-40

Premiere Pro 2022 影视编辑与特效制作案例教程（全彩慕课版）

（6）在【效果】面板中搜索【快速颜色校正器】效果，接着将该效果拖曳到01.mp4素材文件上，如图6-41所示。

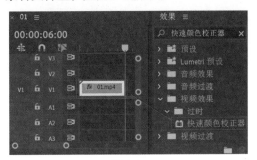

图 6-41

（7）在【时间轴】面板中选择V1轨道上的01.mp4，在【效果控件】面板中展开【快速颜色校正器】，设置【平衡数量级】为100.00，如图6-42所示。

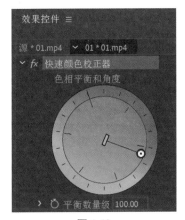

图 6-42

（8）画面颜色前后对比效果如图6-43所示。

图 6-43

（9）设置【平衡角度】为20.0°，【输入灰色阶】为1.01，如图6-44所示。

图 6-44

（10）此时本案例制作完成，画面颜色对比效果如图6-45所示。

图 6-45

6.6 实操：制作夏季变秋季

文件路径：资源包\案例文件\第6章
视频调色\实操：制作夏季变秋季

本案例使用【更改为颜色】效果调整颜色来制作夏季变秋季的效果。案例效果如图6-46所示。

图 6-46

6.6.1 项目诉求

本案例是以"季节变换"为主题的视频

宣传项目。不同的季节给人冷暖感不同的感受。要求视频具有创意与特色，且能够表现春季和秋季的色调。

6.6.2 设计思路

本案例以春季变秋季为基本设计思路，根据运动的特点，制作变换季节的效果。春天给人生机盎然的感觉，秋季给人万物凋零感，将画面中春天的绿色变为秋天的黄色能够表现出画面中季节的变换。

6.6.3 配色方案

主色：叶绿色作为主色，给人生机、天然、放松的感觉，同时使画面给人春天的气息，也可提升整个画面的视觉吸引力，如图6-47所示。

图 6-47

辅助色：本案例采用棕色、水晶蓝色与白色作为辅助色，如图6-48所示。棕色给人温暖、柔和的感觉，同时给人秋天落叶散落的孤寂感。水晶蓝色给人空旷感，同时使用白色又增加了层次感。

图 6-48

6.6.4 项目实战

操作步骤：

（1）新建项目、导入文件。执行【文件】→【新建】→【项目】命令，新建一个项目。接着执行【文件】→【导入】命令，导入全部素材。在【项目】面板中将01.mp4素材文件拖曳到【时间轴】面板中的V1轨道上，在【项目】面板中自动生成一个与01.mp4素材文件等大的序列，如图6-49所示。

图 6-49

（2）此时画面效果如图6-50所示。

图 6-50

（3）在【项目】面板中单击鼠标右键，在弹出的快捷菜单中执行【调整图层】命令，如图6-51所示。

新建项目	▶	序列...
查看隐藏内容		项目快捷方式...
导入...		脱机文件...
查找...		调整图层...
对齐网格		彩条...
重置为网格		黑场视频...
保存当前布局		颜色遮罩...
另存为新布局		HD 彩条...
恢复布局		通用倒计时片头...
	▶	透明视频...

图 6-51

（4）在【项目】面板中将调整图层拖曳到【时间轴】面板中V2轨道3秒07帧的位置，如图6-52所示。

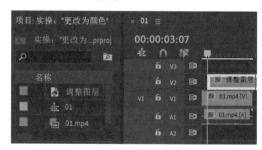

图 6-52

Premiere Pro 2022 影视编辑与特效制作案例教程（全彩慕课版）

（5）在【时间轴】面板中将调整图层的结束时间向左拖曳到5秒28帧位置，如图6-53所示。

图 6-53

（6）在【时间轴】面板中选择V2轨道上的调整图层，在【效果控件】面板中展开【不透明度】，将时间线滑动到3秒07帧位置，单击【不透明度】左边的 ⬤（切换动画）按钮，设置【不透明度】为0.0%，如图6-54所示。接着将时间线滑动到3秒20帧位置，设置【不透明度】为100%。

图 6-54

（7）在【效果】面板中搜索【更改为颜色】效果，接着将该效果拖曳到调整图层上，如图6-55所示。（注意：为调整图层添加调色效果，调整图层下方的所有图层都会受到这些效果的影响）

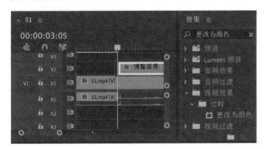

图 6-55

（8）在【时间轴】面板中选择V2轨道上的调整图层，在【效果控件】面板中展开【更改为颜色】，设置【自】为橄榄绿，【至】为棕色，如图6-56所示。

图 6-56

（9）滑动时间线，此时画面效果如图6-57所示。

图 6-57

（10）在【效果】面板中搜索【更改为颜色】效果，接着将该效果拖曳到调整图层上，如图6-58所示。

图 6-58

（11）在【时间轴】面板中选择V2轨道上的调整图层，在【效果控件】面板中展开【更改为颜色】，设置【自】为绿色，【至】为橘色，如图6-59所示。

图 6-59

（12）此时本案例制作完成，滑动时间线，画面效果如图6-60所示。

图 6-60

6.7 实操：打造冷色调电影大片质感色调

文件路径：资源包\案例文件\第6章视频调色\实操：打造冷色电影大片质感色调

本案例使用【Lumetri颜色】效果并调整【色调】、【色温】的参数来制作冷色调画面，如图6-61所示。

图 6-61

6.7.1 项目诉求

本案例是以"电影感色调"为主题的视频宣传项目。我们在日常拍摄中拍摄的视频总是没有质感，看起来很普通，但电影色调却让人记忆深刻。要求视频画面具有质感与深度。

6.7.2 设计思路

本案例以"冷色调电影感"为基本调色思路。电影感色调中的暖色调给人明媚、快乐的感觉和很强的视觉冲击力。而冷色调给人干净、清爽、距离感，同时冷色调也更契合拍摄内容的基调。

6.7.3 配色方案

主色：午夜蓝色作为主色，给人沉静、大方、雅致的感觉，同时使画面整体偏清冷、沉稳的感觉，也提升了整个画面的视觉吸引力而引人探究，如图6-62所示。

辅助色：本案例采用米色、普鲁士蓝色作为辅助色，如图6-63所示。米色给人温暖、柔和的感觉，同时米色与普鲁士蓝色为互补色，这样的色彩搭配可以产生强烈的对比。但同时两种颜色的饱和度偏低又使颜色不会突兀。

图 6-62   图 6-63

6.7.4 项目实战

操作步骤：

（1）新建序列。执行【文件】→【新建】→【项目】命令，新建一个项目。执行【文件】→【新建】→【序列】命令，在【新建序列】对话框中单击【设置】按钮，在打开的对话框中设置【编辑模式】为ARRI Cinema，【时基】为29.97帧/秒，【帧大小】为1254，【水平】为720，【像素长宽比】为方形像素（1.0），如图6-64所示。

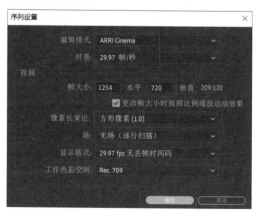

图 6-64

（2）执行【文件】→【导入】命令，导入全部素材。在【项目】面板中选择素材.mp4素材文件，并按住鼠标左键将其拖曳到【时间轴】面板中的V1轨道上，如图6-65所示。

图 6-65

（3）此时画面效果如图6-66所示。

图 6-66

（4）在【效果】面板中搜索【Lumetri颜色】效果，接着将该效果拖曳到素材.mp4素材文件上，如图6-67所示。

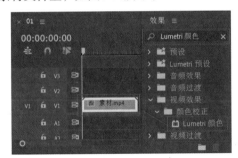

图 6-67

（5）在【时间轴】面板中选择V1轨道上的素材.mp4，在【效果控件】面板中展开【Lumetri颜色】→【基本校正】→【色调】，设置【曝光】为0.1，【对比度】为-100.0，【高光】为20.0，【阴影】为-15.0，【黑色】为10.0，如图6-68所示。

（6）展开【创意】→【调整】，设置【自然饱和度】为30.0，接着将【阴影色彩】的控制点向右下角拖曳，将【高光色彩】的控制点向左上角拖曳，如图6-69所示。

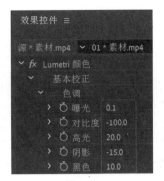

图 6-68

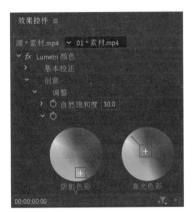

图 6-69

（7）此时的画面效果与之前的画面效果如图6-70所示。

图 6-70

（8）展开【曲线】→【RGB曲线】，单击【RGB】按钮，并将左下角的锚点向右拖曳；单击【绿色】按钮，将左下角的锚点向右拖曳；单击【蓝色】按钮，将右上角的锚点向下拖曳，接着将左下角的锚点向上拖曳，如图6-71所示。

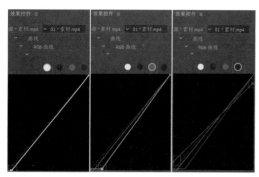

图 6-71

（9）展开【色轮和匹配】，将【阴影】的控制点向右下角拖曳，如图6-72所示。

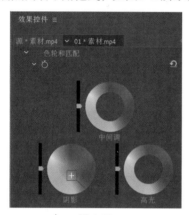

图 6-72

（10）此时本案例制作完成，画面颜色对比效果如图6-73所示。

图 6-73

6.8 实操：暖色调变冷色调

文件路径：资源包\案例文件\第6章 视频调色\实操：暖色调变冷色调

本案例使用【Lumetri颜色】效果调整【色调】、【色温】的参数来制作电影感画面颜色。案例效果如图6-74所示。

图 6-74

6.8.1 项目诉求

本案例是以"偏冷色调"为主题的视频宣传项目。冷色调的视频给人疏离清冷的感觉，要求视频画面变为具有清冷感的冷色调。

6.8.2 设计思路

本案例以"电影感绿色调"为基本设计思路。冷色调中的绿色常用于电影中，使电影画面具有清新、淡漠的感觉，也使画面更吸人眼球。同时将带有动物的视频调为冷色调使画面更具活力与俏皮感。

6.8.3 配色方案

主色：青瓷绿色作为主色，给人简约、天然的感觉，同时作为日系风格的色调，使画面更加清新、清透，画面整体更加柔和，如图6-75所示。

辅助色：本案例采用香槟黄与蓝黑色作为辅助色，如图6-76所示。香槟黄给人活力、灵动的感觉。香槟黄与蓝黑色作为互补色给人活力满满的印象，同时又具有很强的稳定性，使画面更具有层次感。

图 6-75　　　　　　　图 6-76

图 6-87

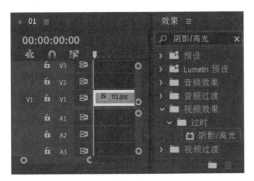

图 6-88

（4）在【时间轴】面板中选择V1轨道上的01.jpg，在【效果控件】面板中展开【阴影/高光】，取消选中【自动数量】复选框，设置【阴影数量】为10，如图6-89所示。

图 6-89

（5）此时画面颜色对比效果如图6-90所示。

图 6-90

（6）在【效果】面板中搜索【Brightness & Contrast】效果，接着将该效果拖曳到01.jpg上，如图6-91所示。

图 6-91

（7）在【时间轴】面板中选择V1轨道上的01.jpg，在【效果控件】面板中展开【Brightness & Contrast】，设置【亮度】为5.0，【对比度】为20.0，如图6-92所示。

图 6-92

（8）在【效果】面板中搜索【颜色平衡（HLS）】效果，接着将该效果拖曳到01.jpg上，如图6-93所示。

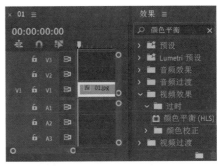

图 6-93

（9）在【时间轴】面板中选择V1轨道上的01.jpg，在【效果控件】面板中展开【颜色平衡（HLS）】，设置【色相】为-10.0°，【饱和度】为15.0，如图6-94所示。

图 6-94

（10）此时本案例制作完成，画面颜色对比效果如图6-95所示。

图 6-95

6.10 扩展练习：梦幻色调

文件路径：资源包\案例文件\第6章
视频调色\扩展练习：梦幻色调

本案例使用【通道混合器】效果调整通道的参数来制作梦幻感的色调，如图6-96所示。

图 6-96

6.10.1 项目诉求

本案例是以"梦幻"为主题的视频宣传项目。在人们的印象中，梦幻感常与漫画或童话联系在一起，梦幻感给人唯美、充满幻想的感觉，要求视频色调要达到这种画面感觉。

6.10.2 设计思路

本案例以"梦幻森林"为基本设计思路，选择一张森林图片为背景图，然后将画面中的树木变为紫色调，使天空的蓝色更加明显，使画面给人童话世界的感觉。

6.10.3 配色方案

主色：紫藤色作为主色，给人雅致、神秘、优美的感觉，同时紫色也是大自然中少有的颜色，它代表着幻想和朦胧感，如图6-97所示。

辅助色：本案例采用青色与白色作为辅助色，如图6-98所示。青色给人欢快、淡雅的感觉，同时青色与主色为对比色，给人强烈、明快、醒目、具有冲击力的感觉，但也给人烦躁感。白色则使画面有了过渡，画面更加稳定。

图 6-97   图 6-98

6.10.4 项目实战

操作步骤：

（1）新建项目、导入文件。执行【文件】→【新建】→【项目】命令，新建一个项目。接着执行【文件】→【导入】命令，导入全部素材。在【项目】面板中将01.mp4素材文件拖曳到【时间轴】面板中的V1轨道上，在【项目】面板中自动生成一个与01.mp4素材文件等大的序列，如图6-99所示。

图 6-99

（2）此时画面效果如图6-100所示。

图 6-100

（3）在【效果】面板中搜索【通道混合器】效果，接着将该效果拖曳到01.mp4上，如图6-101所示。

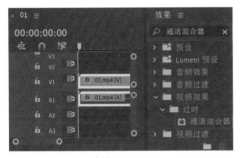

图 6-101

（4）在【时间轴】面板中选择V1轨道上的01.mp4，在【效果控件】面板中展开【通道混合器】，设置【红色-红色】为189，【红色-绿色】为-40，如图6-102所示。

图 6-102

（5）此时画面颜色与之前画面颜色的对比效果如图6-103所示。

图 6-103

（6）设置【红色-蓝色】为-40，【绿色-红色】为10，如图6-104所示。

图 6-104

（7）此时画面颜色与之前画面颜色的对比效果如图6-105所示。

图 6-105

（8）设置【蓝色-红色】为50，【蓝色-绿色】为100，【蓝色-蓝色】为200，如图6-106所示。

图 6-106

（9）此时本案例制作完成，画面颜色对比效果如图6-107所示。

图 6-107

1 选择题

1. 下列哪种调色效果不可以调整
   画面的明暗？（   ）
   A. Lumetri 颜色
   B. 颜色平衡
   C. 亮度曲线
   D. 三向颜色校正器

2. 下列哪种调色效果不可以单独调
   整R、G、B通道的色调效果？
   （   ）
   A. RGB曲线
   B. Brightness & Contrast
   C. Lumetri颜色
   D. RGB颜色校正器

2 填空题

1. ____效果可以对图像的明暗、
   色调、色相、曲线、色轮等进
   行调整，它是最强大的调色效
   果之一。

2. Premiere中的调色效果除了在
   颜色校正效果组中，还有一部
   分在____组中。

3 判断题

1. 【颜色平衡】和【颜色平衡
   （HLS）】效果都可以调色画面
   的饱和度。   （   ）

2. 新建调整图层，并为其添加调
   色效果，此时该图层下方的所
   有图层都会受到这些效果的影
   响。   （   ）

6 课后实战

● 调出电影感色调

作业要求：应用一个或多个调色效果将
任意风景视频或照片的色调调整为电影
感色调。参考效果如图6-108所示。

图 6-108

第7章

为视频添加文字

文字是一种符号、一种传递信息的方式，它是设计作品中的重要元素之一。本章主要介绍文字的创建、文字的应用以及为文字添加动画效果。

本章要点

⭐ 能力目标

❖ 了解文字的创建
❖ 熟悉文字的应用
❖ 掌握文字动画

7.1 文字

文字是作品中很重要的部分，它可以起到传递作品信息、调节版式、美化作品等作用。

7.1.1 认识文字工具

Premiere中创建文字的工具包括文字工具、【旧版标题】命令等。

7.1.2 文字的应用

导入素材，并将素材拖曳到【时间轴】面板中创建与素材等大的序列，此时画面效果如图7-1所示。

图 7-1

在【工具】面板中单击▼（文字工具）按钮，如图7-2所示。

图 7-2

将时间线滑动到起始位置，接着在【节目监视器】面板中的合适位置单击插入光标并输入合适的文字，如图7-3所示。

图 7-3

在【时间轴】面板中选中V2轨道上的文字，接着在【效果控件】面板中展开【文本】，设置合适的参数，如图7-4所示。

图 7-4

此时文字效果如图7-5所示。

图 7-5

在【效果】面板中搜索【投影】效果，并将其拖曳到【时间轴】面板中的V2轨道上，如图7-6所示。

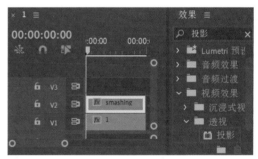

图 7-6

在【时间轴】面板中选中V2轨道上的文字，接着在【效果控件】面板中展开【投影】，设置合适的参数，如图7-7所示。

图 7-7

此时画面效果如图7-8所示。

图 7-8

7.2 使用【旧版标题】命令创建文本

Premiere Pro 2022中包括了以前低版本的【旧版标题】命令，用户通过该命令可以创建或修改文字、图形等。

7.2.1 创建文字

导入素材，并将素材拖曳到【时间轴】面板中创建与素材等大的序列，此时画面效果如图7-9所示。

图 7-9

在菜单栏中执行【文件】→【新建】→【旧版标题】命令，如图7-10所示。

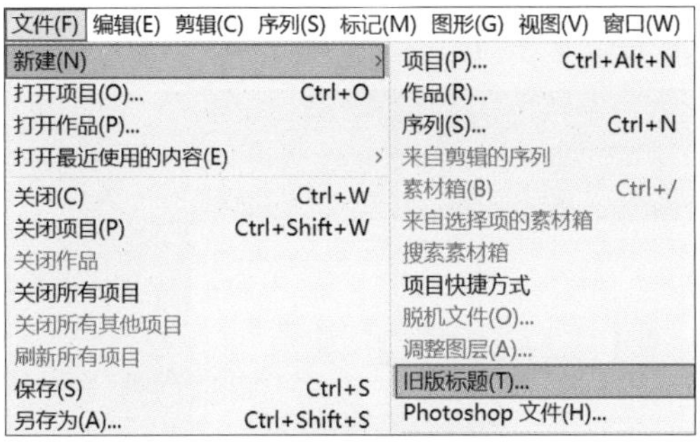

图 7-10

在打开的【新建字幕】对话框中设置合适的名称，接着单击【确定】按钮，如图7-11所示。

图 7-11

在打开的【旧版标题】窗口中单击【工具】面板中的■（文字工具）按钮，接着在【字幕】面板中输入合适的文字，然后在右侧的【旧版标题属性】面板中设置合适的参数，如图7-12所示。

图 7-12

7.2.2 为文字添加滚动效果

在【字幕】面板中单击■（滚动/游动选项）按钮，如图7-13所示。

图 7-13

在打开的【滚动/游动选项】对话框中设置合适的参数，如图7-14所示。

图 7-14

文字输入完成后,关闭【旧版标题】窗口。将时间线滑动到起始位置,接着将【项目】面板中的字幕01拖曳到【时间轴】面板中的V2轨道上,如图7-15所示。

图 7-15

此时滑动时间线,画面效果如图7-16所示。

图 7-16

7.2.3 创建段落文字

在菜单栏中执行【文件】→【新建】→【旧版标题】命令,如图7-17所示。

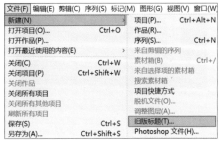

图 7-17

在打开的【新建字幕】对话框中设置合适的名称,如图7-18所示。

图 7-18

在打开的【旧版标题】窗口中单击【工具】面板中的 T (文字工具)按钮,接着在【字幕】面板的合适位置按住鼠标左键并拖曳鼠标绘制文本框,如图7-19所示。

图 7-19

在【字幕】面板中输入合适的文字,然后在右侧的【旧版标题属性】面板中设置合适的参数,如图7-20所示。

图 7-20

7.2.4 基于当前字幕创建字幕

在【字幕】面板中单击▣（基于当前字幕创建字幕）按钮，如图7-21所示。

图 7-21

在打开的【新建字幕】对话框中设置合适的名称，如图7-22所示。

图 7-22

删除当前文字，然后单击【工具】面板中的▣（文字工具）按钮，在【字幕】面板底部的合适位置输入合适的文字，然后在右侧的【旧版标题属性】面板中设置合适的参数，如图7-23所示。

图 7-23

文字输入完成后，关闭【旧版标题】窗口。将时间线滑动到起始位置，接着将【项目】面板中的字幕01和字幕02拖曳到【时间轴】面板中的V2和V3轨道上，如图7-24所示。

图 7-24

此时画面效果如图7-25所示。

图 7-25

7.2.5 创建路径文字

导入素材，并将素材拖曳到【时间轴】面板中创建与素材等大的序列，此时画面效果如图7-26所示。

图 7-26

在菜单栏中执行【文件】→【新建】→【旧版标题】命令，在打开的【新建字幕】对话框中设置合适的名称，如图7-27所示。

在打开的【旧版标题】窗口中单击【工具】面板中的▣（路径文字工具）按钮，接着在【字幕】面板的合适位置绘制路径，如图7-28所示。

图 7-27

图 7-28

在路径上单击并输入文字，然后在右侧的【旧版标题属性】面板中设置合适的参数，如图7-29所示。

图 7-29

文字输入完成后，关闭【旧版标题】窗口。将时间线滑动到起始位置，接着将【项目】面板中的字幕01拖曳到【时间轴】面板中的V2轨道上，如图7-30所示。

此时画面效果如图7-31所示。

图 7-30

图 7-31

7.3 使用【基本图形】命令创建文本

【基本图形】命令是Premiere中很强大的功能，用户利用它可以进行文字的输入、修改等操作。

7.3.1 制作文字

导入素材，并将素材拖曳到【时间轴】面板中创建与素材等大的序列，此时画面效果如图7-32所示。

图 7-32

在【基本图形】面板中单击【编辑】选项卡，然后单击█（新建图层）按钮，在弹出的菜单中单击【文本】，如图7-33所示。

图 7-33

图 7-34

接着双击文字修改内容，在【基本图形】面板下部设置合适的参数，如图7-35所示。

图 7-35

此时画面效果如图7-36所示。

图 7-36

7.3.2 添加动态图形模板

在【基本图形】面板中单击【浏览】选项卡，选择合适的动态模板并将其拖曳到【时间轴】面板中的V3轨道上，如图7-37所示。

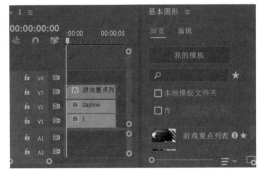

图 7-37

此时画面效果如图7-38所示。

图 7-38

在【时间轴】面板中选中模板图层，接着在【基本图形】面板中修改参数，如图7-39所示。

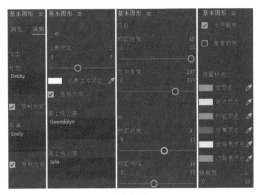

图 7-39

此时画面效果如图7-40所示。

图 7-40

7.4 使用文字工具创建文本

在Premiere中，文字工具包括横排文字工具和直排文字工具。

7.4.1 使用文字工具创建横排文字

导入素材，并将素材拖曳到【时间轴】面板中创建与素材等大的序列，此时画面效果如图7-41所示。

图 7-41

在【工具】面板中单击 ▣（文字工具）按钮，如图7-42所示。

图 7-42

将时间线滑动到合适位置，接着在【节目监视器】面板的合适位置单击插入光标并输入合适的文本，如图7-43所示。

在【时间轴】面板中选中V2轨道上的文本图层，接着在【效果控件】面板中展开【文本】，并设置合适的参数，如图7-44所示。

图 7-43

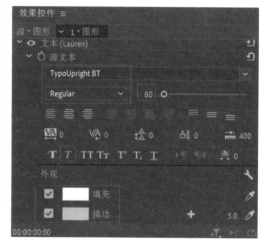

图 7-44

此时画面效果如图7-45所示。

图 7-45

7.4.2 使用文字工具创建直排文字

在【工具】面板中长按 ▣（横排文字工具）按钮，在弹出的菜单中单击 ▣（直排文字工具），如图7-46所示。

图 7-46

Premiere Pro 2022 影视编辑与特效制作案例教程（全彩慕课版）

将时间线滑动到合适位置，接着在【节目监视器】面板的合适位置单击插入光标并输入合适的文字，如图7-47所示。

图 7-47

在【时间轴】面板中选中V2轨道上的文本图层，接着在【效果控件】面板中展开【文本】，并设置合适的参数，如图7-48所示。

图 7-48

此时画面效果如图7-49所示。

图 7-49

7.5 为文字添加效果

在Premiere Pro 2022中，用户可以为文字图层添加【效果】面板中的效果使其产生变形效果。导入素材，并将素材拖曳到【时间轴】面板中创建与素材等大的序列，此时画面效果如图7-50所示。

图 7-50

将时间线滑动到合适位置，在【工具】面板中单击 🇹 （横排文字工具）按钮，接着在【节目监视器】面板的合适位置单击插入光标并输入合适的文本，如图7-51所示。

图 7-51

在【效果】面板中搜索【湍流置换】效果，并将其拖曳到【时间轴】面板中的V2轨道上，如图7-52所示。

图 7-52

在【时间轴】面板中选中V2轨道上的文字图层，接着在【效果控件】面板中展开【湍流置换】，并设置合适的参数，如图7-53所示。

图 7-53

此时滑动时间线，文字变形效果如图7-54所示。

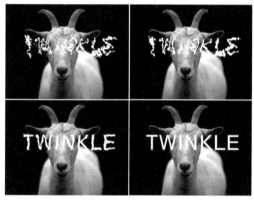

图 7-54

7.6 实操：时尚感移动文字

文件路径：资源包\案例文件\第7章 为视频添加文字\实操：时尚感移动文字

本案例实现在视频播放时文字随着人物逐渐拉近而显现出来，然后逐渐消失的效果。本案例的效果如图7-55所示。

图 7-55

7.6.1 项目诉求

本案例是以"美容"为主题的短视频宣传项目。要求视频能体现美容项目，且能够表现美容项目的特色。

7.6.2 设计思路

本案例以"完美肌肤"为基本设计思路。将人物的面部不断放大显示人物的肤质，同时加入合适的文字作为视觉符号，并制作文字淡入淡出的效果，最后加入背景文字强化美容后的效果。

7.6.3 配色方案

主色：藕荷色作为主色，给人时尚、雅致的感觉，如图7-56所示，同时使用紫色调的图片使画面整体更加统一，运用纯色作背景色也更加突出画面中的其他元素。

辅助色：本案例采用白色与铬黄色作为辅助色，如图7-57所示。白色与铬黄色搭配，在给人活力四射感觉的同时，使画面更具稳定性，白色包容了画面中的其他颜色，使画面浑然一体又具有层次感。

图 7-56　　　　　图 7-57

7.6.4 版面构图

本案例采用满版型的构图方式（见图7-58），将人物图片作为展示主图，直观、醒目的文字对画面具有冲击力，而且画面中间的文字具有解释说明与丰富细节效果双重作用。

图 7-58

7.6.5 项目实战

操作步骤：

1. 制作图片效果

（1）执行【文件】→【新建】→【项目】命令，打开【新建项目】对话框，设置合适的名称，单击【浏览】按钮设置保存路径，然后在【项目】面板的空白处单击鼠标右键，在弹出的快捷菜单中选择【新建项目】→【序列】命令，打开【新建序列】对话框，在【HDV】文件夹下选择【HDV 1080p30】，如图7-59所示。

图 7-59

（2）执行【文件】→【导入】命令（或者按Ctrl+I组合键），在打开的【导入】对话框中将所需素材导入，如图7-60所示。

图 7-60

（3）将【项目】面板中的素材.jpg素材文件拖曳到V1轨道上，如图7-61所示。

（4）选择V1轨道上的素材.jpg素材文件，然后展开【运动】，将时间线滑动到起始帧位置，并单击【缩放】左边的█按钮，开启自动关键帧，设置【缩放】为44.0，如图7-62所示。继续将时间线滑动到4秒的

位置，设置【缩放】为72.0。此时效果如图7-63所示。

图 7-61

图 7-62

图 7-63

（5）执行菜单栏中的【文件】→【新建】→【旧版标题】命令，在打开的【新建字幕】对话框中设置【名称】为"黄"，如图7-64所示。

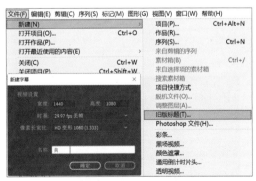

图 7-64

（6）单击█（矩形工具）按钮，在工作区域中绘制一个矩形，并设置【图形类型】为矩形，勾选【填充】复选框，设置【填

充类型】为实底,【颜色】为黄色,如图7-65
所示。

图 7-65

(7) 关闭【字幕】面板,然后将【项目】
面板中的"黄"素材文件拖曳到V4轨道上,
设置起始帧为18帧,如图7-66所示,设置结
束帧为6秒18帧。

图 7-66

(8) 选择V4轨道上的"黄"素材文件,
在【效果控件】面板中展开【运动】,设置
【位置】为(720.0,497.0)。将时间线滑动至
18帧位置,并单击【缩放】左边的■(切换
动画)按钮,开启自动关键帧,设置【缩
放】为0.0,用鼠标右键单击关键帧,在弹
出的快捷菜单中选择【贝塞尔曲线】命令,
如图7-67所示。继续将时间线滑动至1秒18
帧位置,设置【缩放】为100.0,如图7-68
所示。

图 7-67

图 7-68

(9) 选择V4轨道上的"黄"素材文件,
在【效果控件】面板中将时间线滑动到3秒
28帧位置,单击【不透明度】左边的■(切
换动画)按钮,创建关键帧,并设置【不
透明度】为100.0%(见图7-69),然后用鼠
标右键单击该关键帧,在弹出的快捷菜单中
选择【贝塞尔曲线】,接着将时间线滑动到
4秒28帧位置,设置【不透明度】为0.0%。
此时效果如图7-70所示。

图 7-69

图 7-70

2. 制作字幕效果

(1) 在【项目】面板中单击底部的【新
建素材箱】按钮,新建一个素材箱并将其命
名为"文字",如图7-71所示。接着创建字
幕,执行菜单栏中的【文件】→【新建】→
【旧版标题】命令,在打开的对话框中设置
【名称】为"大文字",如图7-72所示。

(2) 单击■(文字工具)按钮,在工作
区域中输入数字20,然后设置适合的【字体
系列】,设置【字体大小】为1000.0,勾选
【填充】复选框,设置【填充类型】为实底,
【颜色】为白色,如图7-73所示。

图 7-71

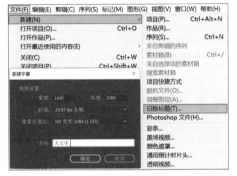

图 7-72

图 7-73

（3）关闭【字幕】面板，然后将【项目】面板中的"大文字"素材文件拖曳到V2轨道上，将其与V1轨道上的素材.jpg对齐，结束帧设置为5秒29帧，如图7-74所示。

图 7-74

（4）选择V2轨道上的"大文字"素材文件，将时间线滑动到初始位置，然后在【效果控件】面板中展开【运动】，单击【位置】左边的（切换动画）按钮，创建关键帧，设置【位置】为（724.0,1633.9），然后用鼠标右键单击该关键帧，在弹出的快捷菜单中选择【临时差值】→【贝塞尔曲线】命令，如图7-75所示。接着将时间线滑动到2秒位置，设置【位置】为（724.0,558.0），如图7-76所示。

图 7-75

图 7-76

（5）再次选择V2轨道上的"大文字"素材文件，将时间线滑动到9帧位置，在【效果控件】面板中展开【不透明度】，单击【不透明度】左边的（切换动画）按钮，创建关键帧，设置【不透明度】为0.0%，然后将其转换为【贝塞尔曲线】。将时间线滑动到1秒18帧位置，设置【不透明度】为100.0%。接着将时间线滑动到2秒21帧位置，设置【不透明度】为100.0%。再将时间线滑动到4秒03帧位置，设置【不透明度】为0.0%，如图7-77所示。此时画面效果如图7-78所示。

（6）在【效果】面板中搜索【裁剪】效果，然后将其拖曳到V2轨道的"大文字"素材文件上，如图7-79所示。

图 7-77

图 7-78

图 7-79

（7）选择V2轨道上的"大文字"素材文件，在【效果控件】面板中展开【裁剪】，设置【右侧】为50.7%，如图7-80所示。此时画面效果如图7-81所示。

图 7-80

图 7-81

（8）将V2轨道上的"大文字"素材文件复制一份到V3轨道上，设置起始帧为9帧，如图7-82所示，设置结束帧为6秒08帧。

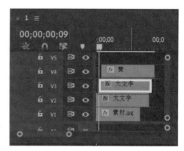

图 7-82

（9）选择V3轨道上的"大文字"素材文件，然后在【效果控件】面板中展开【运动】，将【位置】的第2个关键帧拖曳至2秒09帧。展开【裁剪】，设置【左侧】为48.3%，【右侧】为0.0%，如图7-83所示。此时画面效果如图7-84所示。

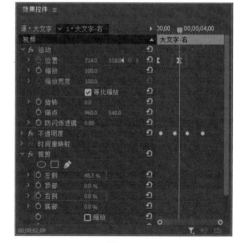

图 7-83

图 7-84

（10）执行菜单栏中的【文件】→【新建】→【旧版标题】命令，在打开的对话框中设置【名称】为"小文字"，如图7-85所示。

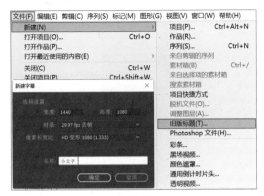

图 7-85

（11）单击**T**（文字工具）按钮，在工作区域中输入文字SKIN YOUNG 20 YEARS OLD.，然后设置适合的【字体系列】，设置【字体大小】为66.0，勾选【填充】复选框，设置【颜色】为白色，如图7-86所示。

图 7-86

（12）关闭【字幕】面板，然后将【项目】面板中的"小文字"素材文件拖曳到V5轨道上，使该素材文件与V4轨道中的"黄"素材文件对齐，如图7-87所示。

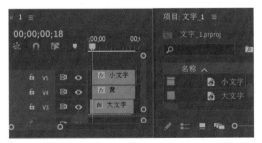

图 7-87

（13）选择V5轨道上的"小文字"素材文件，在【效果控件】面板中将时间线滑动到1秒2帧位置，单击【不透明度】左边的**◎**（切换动画）按钮，创建关键帧，并设置【不透明度】为0.0%，然后用鼠标右键单击该

关键帧，在弹出的快捷菜单中选择【贝塞尔曲线】，接着将时间线滑动到1秒14帧位置，设置【不透明度】为100.0%，继续将时间线滑动到3秒28帧位置，设置【不透明度】为100.0%，最后将时间线滑动到4秒28帧位置，设置【不透明度】为0.0%，如图7-88所示。画面最终效果如图7-89所示。

图 7-88

图 7-89

7.7 实操：动感旋转文字

文件路径：资源包\案例文件\第7章\为视频添加文字\实操：动感旋转文字

本案例打破传统文字风格，使用旋转效果制作向上滑动的字幕，给人带来舒适、阳光之感。本案例制作的"动感旋转文字"效果如图7-90所示。

图 7-90

7.7.1 项目诉求

本案例是以"时尚服装"为主题的短视频宣传项目。高级时尚常常与服装联系在一

起，要求视频能够体现出高级时尚感，且具有青春活力。

7.7.2 设计思路

本案例以"动感文字"为基本设计思路，选择时尚服装作为背景，同时加入合适的文字作为视觉符号，制作文字淡入淡出与旋转效果。

7.7.3 配色方案

风格：本案例中画面颜色为高饱和风格。大面积运用纯度较高的颜色使画面更具有视觉冲击力，同时给人青春、活力的感觉，但大面积的高纯度颜色又会给人很躁的感觉。白色的文字则很好地中和了画面中的颜色，使画面中的颜色趋于稳定、平衡。

7.7.4 版面构图

本案例采用满版型的构图方式（见图7-91），将时尚服装图片作为展示主图，以醒目的文字阐释画面主旨，而且画面中的文字丰富了画面细节，也使画面更具活力。

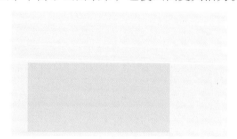

图 7-91

7.7.5 项目实战

操作步骤：

（1）执行【文件】→【新建】→【项目】命令，打开【新建项目】对话框，设置【名称】，并单击【浏览】按钮设置保存路径，然后在【项目】面板的空白处单击鼠标右键，在弹出的快捷菜单中选择【新建项目】→【序列】命令，打开【新建序列】对话框，在【HDV】文件夹下选择【HDV 1080p30】，如图7-92所示。

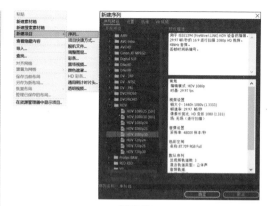

图 7-92

（2）执行【文件】→【导入】命令（或者按Ctrl+I组合键），在打开的对话框中导入01.jpg素材文件，如图7-93所示。

图 7-93

（3）将【项目】面板中的01.jpg素材文件拖曳到V1轨道上，并将结束帧设置为2秒，如图7-94所示。

图 7-94

（4）选择V1轨道上的01.jpg素材文件，然后在【效果控件】面板中展开【运动】，设置【位置】为（720.0,625.0），【缩放】为69.0，如图7-95所示。此时画面效果如图7-96所示。

图 7-95

图 7-96

（5）单击【项目】面板底部的【新建素材箱】按钮，新建一个素材箱，并将其重命名为"文字"，如图7-97所示。接着新建字幕，执行菜单栏中的【文件】→【新建】→【旧版标题】命令，在打开的对话框中设置【名称】为"文字-上"，如图7-98所示。

图 7-97

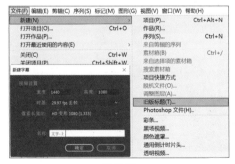

图 7-98

（6）单击 T（文字工具）按钮，在工作区域中输入相应的文字，然后设置适合的【字体系列】，设置【字体大小】为160.0，

勾选【填充】复选框，设置【颜色】为白色，如图7-99所示。

图 7-99

（7）关闭【字幕】面板，将【项目】面板中的"文字-上"素材文件拖曳到V2轨道上，并与V1轨道上的01.jpg素材文件对齐，如图7-100所示。

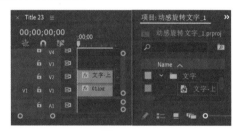

图 7-100

（8）选择V2轨道上的"文字-上"素材文件，将时间线滑动到初始位置，然后在【效果控件】面板中展开【运动】，设置【位置】为（720.0,1070.0）。单击【位置】左边的 （切换动画）按钮，开启自动关键帧，用鼠标右键单击新建的关键帧，在弹出的快捷菜单中选择【临时差值】→【贝塞尔曲线】命令，如图7-101所示。继续将时间线拖曳到1秒位置，设置【位置】为（720.0,540.0），如图7-102所示。此时滑动时间线，查看文字效果，如图7-103所示。

图 7-101

图 7-102

图 7-103

（9）在【效果控件】面板中展开【不透
明度】，将时间线滑动至8帧位置，单击【不
透明度】左边的 （切换动画）按钮，开
启自动关键帧，设置【不透明度】为0.0%，
然后用鼠标右键单击新建的关键帧，在弹出
的快捷菜单中选择【贝塞尔曲线】命令，如
图7-104所示。继续将时间线滑动至25帧位
置，设置【不透明度】为100.0%，如图7-105
所示。此时滑动时间线，查看文字效果，如
图7-106所示。

图 7-104

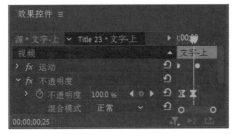

图 7-105

图 7-106

（10）继续新建字幕，执行菜单栏中的
【文件】→【新建】→【旧版标题】命令，
在打开的对话框中设置【名称】为"文字-
下"，如图7-107所示。

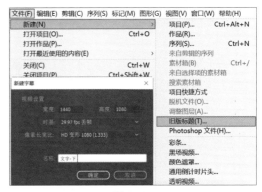

图 7-107

（11）单击 T（文字工具）按钮，在工
作区域中输入相应的文字，然后设置适合的
【字体系列】，设置【字体大小】为160.0，勾
选【填充】复选框，在文字中选中"Men's"，
设置该文字的【颜色】为青色，如图7-108
所示。

图 7-108

（12）关闭【字幕】面板，将【项目】
面板中的"文字-下"素材文件拖曳到V3轨
道上，设置起始帧为7帧，结束帧与"文字-
上"素材文件对齐，如图7-109所示。

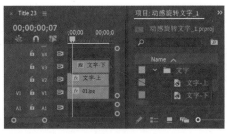

图 7-109

（13）选择V3轨道上的"文字-下"素材
文件，在【效果控件】面板中展开【运动】，
设置【位置】为（722.0,667.0），如图7-110
所示。此时画面效果如图7-111所示。

图 7-110

图 7-111

（14）在【时间轴】面板中选中V3轨道
上的"文字-下"素材文件，并单击鼠标右
键，在弹出的快捷菜单中执行【嵌套...】命
令，在打开的对话框中设置【名称】为"文
字-下"，如图7-112所示。

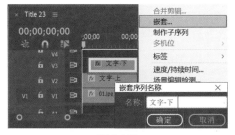

图 7-112

（15）选择V3轨道上的"文字-下"素

材文件，将时间线滑动到7帧位置，然后在
【效果控件】面板中展开【运动】，并单击
【位置】左边的 按钮，开启自动关键帧，
设置【位置】为（720.0,885.0），然后用鼠
标右键单击新建的关键帧，在弹出的快捷菜
单中选择【临时差值】→【贝塞尔曲线】命
令。继续将时间线滑动到1秒7帧位置，设置
【位置】为（720.0,540.0）。将时间线滑动到
14帧位置，展开【不透明度】，单击【不透
明度】左边的 按钮，开启自动关键帧，设
置【不透明度】为0.0%，用鼠标右键单击
新建的关键帧，在弹出的快捷菜单中选择
【贝塞尔曲线】命令。继续将时间线滑动到
1秒位置，设置【不透明度】为100.0%，如
图7-113所示。此时画面效果如图7-114所示。

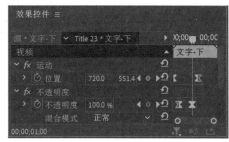

图 7-113

图 7-114

（16）继续新建字幕，执行菜单栏中的
【文件】→【新建】→【旧版标题】命令，
在打开的对话框中设置【名称】为"+号"，
如图7-115所示。

（17）单击 （矩形工具）按钮，在工
作区域中绘制一个加号形状，设置【图形类
型】为矩形，勾选【填充】复选框，设置
【颜色】为青色，如图7-116所示。关闭【字
幕】面板，然后将【项目】面板中的"+号"
素材文件拖曳到V4轨道上，起始帧设置为

13帧，结束帧与其他素材的结束帧相同，如图7-117所示。

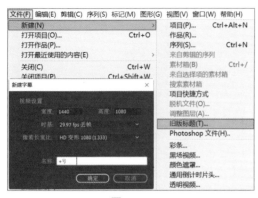

图 7-115

图 7-116

图 7-117

（18）选择V4轨道上的"+号"素材文件，将时间线滑动到13帧位置，然后在【效果控件】面板中展开【运动】，设置【缩放】为70.0，单击【位置】和【旋转】左边的 (切换动画) 按钮，开启自动关键帧，设置【位置】为（198.0,1146.0），【旋转】为180.0°（见图7-118），然后用鼠标右键单击新建的关键帧，在弹出的快捷菜单中选择【贝塞尔曲线】命令。继续将时间线滑动至2秒1帧位置，设置【位置】为（198.0,825.0），【旋转】为0.0°。此时滑动时间线，查看画面最终效果，如图7-119所示。

图 7-118

图 7-119

7.8 扩展练习：美妆字幕标签

文件路径：资源包\案例文件\第7章
为视频添加文字\扩展练习：美妆字幕
标签

爱美是每个女孩的天性，她们在挑选化妆品时会仔细阅读产品信息。本案例制作的"美妆字幕标签"效果如图7-120所示。

图 7-120

7.8.1 项目诉求

本案例是以"宣传美妆"为主题的短视频项目。要求视频能够体现出美妆产品的特点，且具有女性的柔美感。

7.8.2 设计思路

本案例以标签展示为基本设计思路，选

择粉色调的美妆产品作为背景，同时加入标签提示合适的文字作为产品讲解，并制作文字慢慢显现的效果，使画面既易于阅读，又具时尚感。

7.8.3 配色方案

主色：火鹤红色作为主色，给人时尚、甜美的感觉，同时粉色调的图片运用纯色作为背景色更加突出画面中的其他元素，整个画面给人柔和、亲切之感，如图7-121所示。

辅助色：本案例采用灰玫红色与白色作为辅助色，如图7-122所示。灰玫红色与主色为同色系，给人协调、统一感，又使画面具有层次感，但整个画面为同色系的灰调时会给人压抑感。白色具有提亮的效果，使整个画面的颜色变亮，也使颜色更加丰富。

图 7-121   图 7-122

7.8.4 版面构图

本案例采用骨骼型的构图方式（见图7-123），将化妆品在画面右侧规整地呈现，给人统一、和谐的感觉，同时在左侧出现的文字既将信息内容更加直观地传达，又丰富了画面细节。

图 7-123

7.8.5 项目实战

操作步骤：

1. 制作标签

（1）执行【文件】→【新建】→【项目】命令，打开【新建项目】对话框，设置【名称】，并单击【浏览】按钮设置保存路径。执行【文件】→【导入】命令，导入01.jpg素材文件，如图7-124所示。

图 7-124

（2）将【项目】面板中的01.jpg素材文件拖曳到【时间轴】面板中，创建与素材等大的序列，接着设置结束帧为6秒，如图7-125所示。

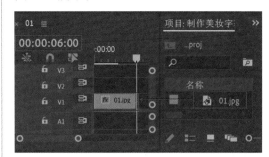

图 7-125

（3）单击【项目】面板底部的【新建素材箱】按钮，新建一个素材箱，并将其重命名为"标签形状"，如图7-126所示。

（4）执行菜单栏中的【文件】→【新建】→【旧版标题】命令，在打开的对话框中设置【名称】为"线1"，如图7-127所示。

图 7-126

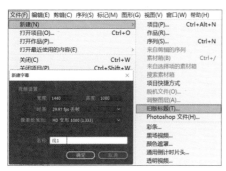

图 7-127

（5）制作文字标签。单击 ○（椭圆工具）按钮，按住Shift键在工作区域中绘制一个圆，并设置【图形类型】为开放贝塞尔曲线，【线宽】为5.0，勾选【填充】复选框，设置【颜色】为白色，如图7-128所示。单击 ╱（直线工具）按钮，在工作区域中绘制直线线段，并设置【图形类型】为开放贝塞尔曲线，【线宽】为5.0，勾选【填充】复选框，设置【颜色】为白色，如图7-129所示。单击 ▢（文字工具）按钮，在工作区域中的标签直线下方按住鼠标左键拖曳鼠标绘制一个文本框，输入相应的文字，然后选择一款适合的【字体系列】，【字体大小】为22.0，勾选【填充】复选框，设置【颜色】为白色，如图7-130所示。

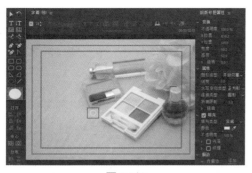

图 7-128

图 7-129

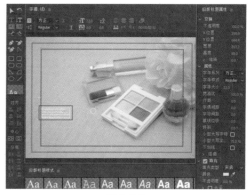

图 7-130

（6）关闭【字幕】面板，将【项目】面板中的【线1】素材文件拖曳到V2轨道上，设置起始帧为24帧，结束帧与V1轨道上01.jpg素材文件的结束帧对齐，如图7-131所示。

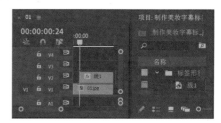

图 7-131

（7）选择V1轨道上的"线1"素材文件，然后展开【运动】，设置【位置】为（793.4,529.7），将时间线滑动到1秒11帧位置，设置【旋转】为-30.0°，如图7-132所示。单击【旋转】左边的 ⊙ 按钮，开启自动关键帧，将时间线滑动至3秒11帧位置，设置【旋转】为0.0°。此时画面效果如图7-133所示。

（8）在标签直线上方绘制矩形形状。执行菜单栏中的【文件】→【新建】→【旧版标题】命令，在打开的对话框中设置【名称】为"矩形"，如图7-134所示。

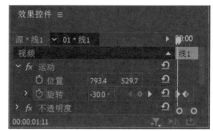

图 7-132

Premiere Pro 2022 影视编辑与特效制作案例教程（全彩慕课版）

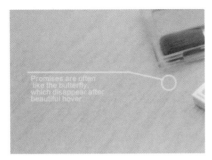

图 7-133

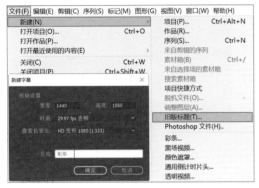

图 7-134

（9）单击 □（矩形工具）按钮，在工作区域中的标签直线上方绘制3个较小的矩形，并设置【图形类型】为开放贝塞尔曲线，【线宽】为5.0，勾选【填充】复选框，设置【颜色】为白色，如图7-135所示。

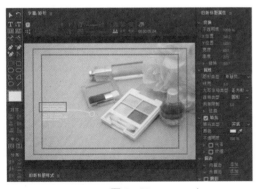

图 7-135

（10）关闭【字幕】面板，将【项目】面板中的"矩形"素材文件拖曳到V3轨道上，设置起始帧为3秒05帧，结束帧与01.jpg素材文件的结束帧对齐，如图7-136所示。

（11）选择V3轨道上的"矩形"素材文件，展开【运动】，设置【位置】为（800.0，

533.0），将时间线滑动到3秒05帧位置，设置【不透明度】为30.0%，并单击【不透明度】左边的 ◉ 按钮，开启自动关键帧。继续将时间线滑动到4秒06帧位置，设置【不透明度】为100.0%，如图7-137所示。此时画面效果如图7-138所示。

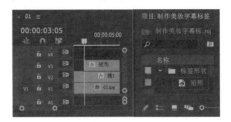

图 7-136

图 7-137

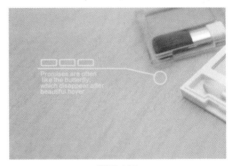

图 7-138

（12）使用同样的方法在【字幕】面板中制作另外两个标签形状，设置参数与线1的参数相同，并分别将其命名为"线2"和"线3"。关闭【字幕】面板后，将【项目】面板中的"线2"和"线3"素材文件分别拖曳到V4和V7轨道上，设置V4轨道上"线2"素材文件的起始帧和结束帧与线1的相同，设置V7轨道上"线3"素材文件的起始帧为3秒12帧，结束帧与"线1"素材文件的结束帧对齐，如图7-139所示。

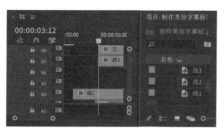

图 7-139

（13）选择V4轨道上的"线2"素材文
件，展开【运动】，设置【位置】为（800.0,
533.0），将时间线滑动到1秒11帧位置，设
置【不透明度】为30.0%，并单击【不透明
度】左边的█按钮，开启自动关键帧。继续
将时间线滑动到4秒15帧位置，设置【不透
明度】为100.0%，如图7-140所示。此时画
面效果如图7-141所示。

图 7-140

图 7-141

（14）在【效果】面板中搜索【块溶解】
效果，并将该效果拖曳到V4轨道的"线2"
素材文件上，如图7-142所示。

图 7-142

（15）选择V4轨道上的"线2"素材
文件，在【效果控件】面板中展开【块溶
解】，将时间线滑动到3秒22帧位置，设置
【过渡完成】为90%，【块宽度】为30.0，分
别单击【过渡完成】和【块宽度】左边的
█（切换动画）按钮，开启自动关键帧，如
图7-143所示。继续将时间线滑动到4秒15帧
位置，设置【过渡完成】为0%，【块宽度】
为100.0。此时画面效果如图7-144所示。

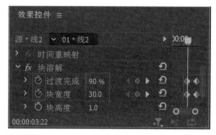

图 7-143

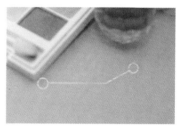

图 7-144

（16）在【效果】面板中搜索【径向擦
除】效果，然后将该效果拖曳到V7轨道的
"线3"素材文件上，如图7-145所示。

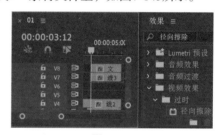

图 7-145

（17）选择V7轨道上的"线3"素材文
件，在【效果控件】面板中展开【径向擦
除】，设置【起始角度】为45.0°，将时间
线滑动到3秒12帧位置，设置【过渡完成】
为80%，单击【过渡完成】左边的█按钮，
开启自动关键帧。继续将时间线滑动到5秒
位置，设置【过渡完成】为65%，如图7-146
所示。此时效果如图7-147所示。

Premiere Pro 2022
影视编辑与特效制作案例教程（全彩慕课版）

图 7-146

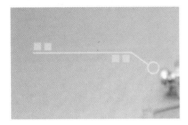

图 7-147

2. 制作文字效果

（1）在【项目】面板底部单击【新建素材箱】按钮，将素材箱命名为"文字"，如图7-148所示。接下来制作底部标签中的文字。执行菜单栏中的【文件】→【新建】→【旧版标题】命令，在打开的对话框中设置【名称】为"文字-底部（上）"，如图7-149所示。

图 7-148

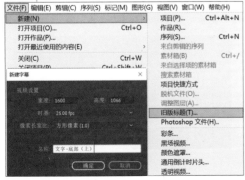

图 7-149

（2）单击■（文字工具）按钮，在工作区域的底部标签直线上方输入合适的文字，然后设置适合的【字体系列】，设置【字体大小】为44.0，勾选【填充】复选框，设置【颜色】为白色，如图7-150所示。

图 7-150

（3）关闭【字幕】面板，将【项目】面板中的"文字-底部（上）"素材文件拖曳到V5轨道上，设置起始帧和结束帧与"线2"素材文件的起始帧和结束帧对齐，如图7-151所示。

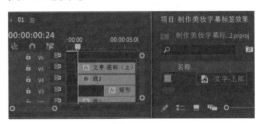

图 7-151

（4）选择V5轨道上的"文字-底部（上）"素材文件，将时间线滑动到1秒11帧位置，在【效果控件】面板中展开【运动】和【不透明度】，设置【缩放】为50.0，【不透明度】为50.0%，然后分别单击【缩放】和【不透明度】左边的■（切换动画）按钮，开启自动关键帧。继续将时间线滑动到3秒01帧位置，设置【缩放】为100.0，【不透明度】为100.0%，如图7-152所示。此时画面效果如图7-153所示。

（5）继续制作底部标签的文字。执行菜单栏中的【文件】→【新建】→【旧版标题】命令，在打开的对话框中设置【名称】为"文字-底部（下）"，如图7-154所示。

图 7-152

图 7-153

图 7-154

（6）单击 **T**（文字工具）按钮，在工作区域的底部标签直线下方输入合适的文字，然后设置适合的【字体系列】，设置【字体大小】为30.0，勾选【填充】复选框，设置【颜色】为白色，如图7-155所示。

图 7-155

（7）关闭【字幕】面板，将【项目】面板中的【文字-底部（下）】素材文件拖曳到V6轨道上，设置起始帧和结束帧与线2的起始帧和结束帧对齐，如图7-156所示。

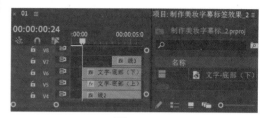

图 7-156

（8）在【效果】面板中搜索【块溶解】效果，然后将该效果拖曳到V6轨道的"文字-底部（下）"素材文件上，如图7-157所示。

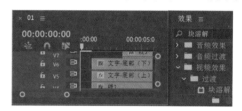

图 7-157

（9）选择V6轨道上的"文字-底部（下）"素材文件，在【效果控件】面板中展开【块溶解】，将时间线滑动到2秒13帧位置，设置【过渡完成】为90%，【块宽度】为30.0，如图7-158所示。分别单击【过渡完成】和【块宽度】左边的 **◉**（切换动画）按钮，开启自动关键帧。继续将时间线滑动到4秒02帧位置，设置【过渡完成】为0%，【块宽度】为100.0。此时画面效果如图7-159所示。

（10）制作上部标签字幕。执行菜单栏中的【文件】→【新建】→【旧版标题】命令，在打开的对话框中设置【名称】为"文字-上部"，如图7-160所示。

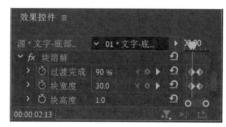

图 7-158

图 7-159

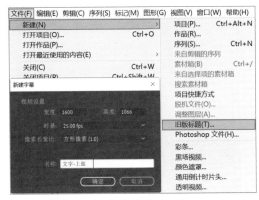

图 7-160

（11）单击 T （文字工具）按钮，在工作区域的底部标签直线下方输入合适的文字，然后设置适合的【字体系列】，设置【字体大小】为30.0，勾选【填充】复选框，设置【颜色】为白色，如图7-161所示。

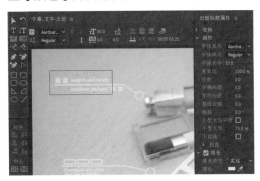

图 7-161

（12）关闭【字幕】面板，将【项目】面板中的"文字-上部"素材文件拖曳到V8轨道上，设置起始帧和结束帧与线3的起始帧和结束帧对齐，如图7-162所示。

（13）在【效果】面板中搜索【块溶解】效果，然后将该效果拖曳到V8轨道的"文字-上部"素材文件上，如图7-163所示。

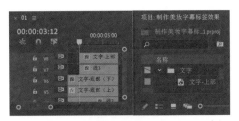

图 7-162

图 7-163

（14）选择V8轨道上的"文字-上部"素材文件，在【效果控件】面板中展开【块溶解】，将时间线滑动到4秒08帧位置，设置【过渡完成】为80%，单击【过渡完成】左边的 （切换动画）按钮，开启自动关键帧，如图7-164所示。继续将时间线滑动到5秒20帧位置，设置【过渡完成】为0%，【块宽度】为100.0。此时滑动时间线，画面最终效果如图7-165所示。

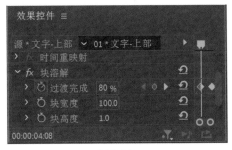

图 7-164

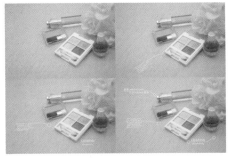

图 7-165

7.9 课后习题

1 选择题

1. Premiere中的哪个选项可以制作文字滚动动画? (　　)
   A. 滚动/游动选项
   B. 基于当前字幕新建字幕
   C. 区域文字工具
   D. 钢笔工具

2. 以下哪种效果在Premiere文本参数中是没有的? (　　)
   A. 仿粗体　　　B. 仿斜体
   C. 下画线　　　D. 删除线

2 填空题

1. 字幕包括 ＿＿＿ 和 ＿＿＿ 两大部分。

2. 在Premiere中可以使用 ＿＿＿ 和 ＿＿＿ 创建文字。

3 判断题

1. 使用【旧版标题】命令创建文字后，需要关闭【旧版标题】命令打开的【字幕】面板，并将文字从【项目】面板中拖曳至【时间轴】面板中，才可以在画面中看到新建的文字效果。
   (　　)

2. 在Premiere中可以对文字修改填充、描边、背景、阴影效果。
   (　　)

课后实战

● 添加文字

作业要求: 应用【旧版标题】命令或文字工具为任意视频或图片添加文字，使得画面更完整。参考效果如图7-166所示。

图7-166

第8章

输出作品

本章要点

在 Premiere 中，输出是操作的最后一个步骤。用户通过输出可以将制作好的文件渲染出来，以便将视频上传到网络上。本章主要介绍渲染的设置，以及输出不同格式文件的设置。

⭐ 能力目标

❖ 认识输出

❖ 掌握输出设置

❖ 掌握输出格式

8.1 输出

在输出环节，可以将作品输出为需要的文件格式，如图片、音频、视频等，输出的视频形式包括片段视频、低质量视频、高质量视频等。在Premiere中，可以输出时间轴面板中与素材一致的全长度视频，也可以输出部分片段视频。

8.1.1 认识输出

在Premiere中可以将制作好的工程文件输出为各种格式的文件，方便传输等。

8.1.2 输出的应用

在Premiere中打开制作完成的工程文件，如图8-1所示。

图 8-1

在菜单栏中执行【文件】→【导出】→【媒体】命令（或按Ctrl+M组合键），如图8-2所示。

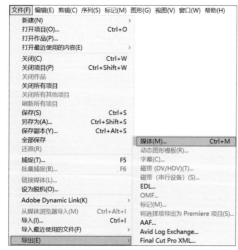

图 8-2

在打开的【导出设置】对话框中展开右侧的【导出设置】，设置合适的格式、输出名称及位置，设置完成后单击【导出】按钮，如图8-3所示。

图 8-3

此时在【编码01】对话框中进行渲染输出，如图8-4所示。

图 8-4

渲染输出完成后，在刚刚保存的路径下可查看输出的文件，如图8-5所示。

图 8-5

8.2 【导出设置】对话框

【导出设置】对话框可设置导出文件的相关属性。

8.2.1 【源】选项卡

在Premiere中打开制作完成的工程文件，如图8-6所示。

图 8-6

在菜单栏中执行【文件】→【导出】→【媒体】命令（或使用Ctrl+M组合键），如图8-7所示。

图 8-7

在打开的【导出设置】对话框左侧单击【源】选项卡，单击（裁剪输出视频）按钮，在预览区调整输出大小，如图8-8所示。

图 8-8

8.2.2 【输出】选项卡

在【导出设置】对话框左侧单击【输出】选项卡，设置合适的【源缩放】，接着在下方设置输出文件的入点和出点，如图8-9所示。

图 8-9

8.2.3 导出设置

在【导出设置】对话框右侧单击展开【导出设置】，设置合适的参数，设置完成后单击【导出】按钮，如图8-10所示。

图 8-10

8.3 Adobe Media Encoder

Adobe Media Encoder是可以独立运行的编码转码软件，内置大量预设，可轻松导入Premiere序列或After Effects合成，能以队列形式进行批量输出，并且是在后台进行的。

8.3.1 认识 Adobe Media Encoder

Adobe Media Encoder界面主要由菜单栏、工具区、【媒体浏览器】面板、【队列】面板、【预设浏览器】面板、【编码】面板和【监视文件夹】面板等部分组成，如图8-11所示。

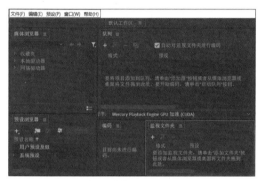

图 8-11

8.3.2 使用 Adobe Media Encoder 进行渲染

打开制作完成的工程文件，如图8-12所示。

图 8-12

按Ctrl+M组合键打开【导出设置】对话框，单击对话框底部的【队列】按钮，如图8-13所示。

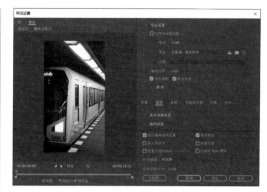

图 8-13

此时自动打开Adobe Media Encoder软件，如图8-14所示。

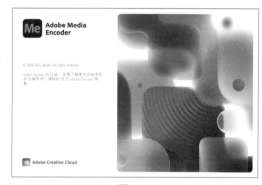

图 8-14

随后进入Adobe Media Encoder 2022界面，发现在【队列】面板中已自动添加源，如图8-15所示。

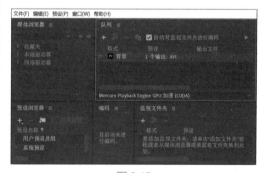

图 8-15

在【队列】面板中展开【背景】源，单击【格式】左侧的█（下拉箭头）按钮，在下拉菜单中选择合适的格式，接着设置合适的输出文件位置及名称，设置完成后，单击【队列】面板右上角的███（启动队列）按钮，如图8-16所示。

图 8-16

此时在【编码】面板进行渲染输出，如图8-17所示。

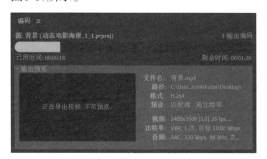

图 8-17

渲染输出完成后，在刚刚设置的保存路径下即可查看文件，如图8-18所示。

图 8-18

8.4 输出格式

本节将介绍在Premiere中输出视频、图片、序列、音频等格式文件的方法。

8.4.1 视频格式

打开制作完成的任意工程文件，如图8-19所示。

图 8-19

按Ctrl+M组合键打开【导出设置】对话框，如图8-20所示。

图 8-20

在打开的【导出设置】对话框右侧单击展开【导出设置】，设置【格式】为H.264，设置合适的名称及保存路径。单击【视频】选项卡，展开【比特率设置】，设置【比特率编码】为VBR，2次，设置【目标比特率】为4，【最大比特率】为6，勾选【使用最高渲染质量】复选框，设置完成后单击【导出】按钮，如图8-21所示。

> 提示：
>
> 比特率设置对输出文件大小有很大影响。一般而言，较高的比特率可生成质量较好的视频和音频；较低的比特率可生成更适合在网速较慢环境下播放的媒体。画面变化不大时，选择低比特率；画面变化较大时，选择较高的比特率。

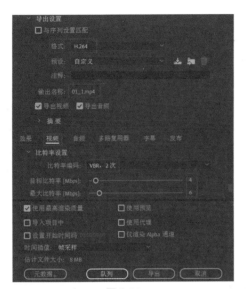

图 8-21

此时进行渲染输出，如图8-22所示。

图 8-22

渲染输出完成后，在刚刚设置的保存路径下即可查看文件，如图8-23所示。

图 8-23

提示：
视频格式有AVI、H.264、QuickTime等，不同格式输出的文件大小不同。

8.4.2 静态图片格式

打开制作完成的任意工程文件，如图8-24所示。

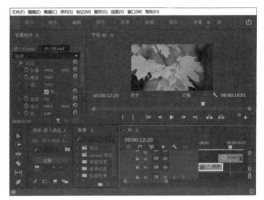

图 8-24

按Ctrl+M组合键打开【导出设置】对话框。在打开的【导出设置】对话框右侧单击展开【导出设置】，设置合适的格式、输出名称和位置，接着单击【视频】选项卡，取消选中【导出为序列】复选框，设置完成后单击【导出】按钮，如图8-25所示。

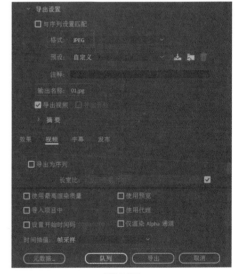

图 8-25

此时进行渲染输出，如图8-26所示。

图 8-26

渲染输出完成后，在刚刚设置的保存路径下即可查看文件，如图8-27所示。

图 8-27

8.4.3 序列格式

打开制作完成的任意工程文件，如图8-28
所示。

图 8-28

在打开的【导出设置】对话框右侧单击
展开【导出设置】，设置合适的格式、输出
名称和位置，设置完成后单击【导出】按
钮，如图8-29所示。

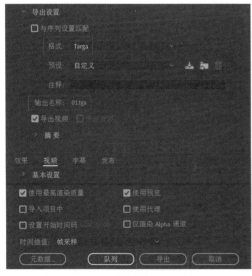

图 8-29

此时进行渲染输出，如图8-30所示。

图 8-30

渲染输出完成后，在刚刚设置的保存路
径下即可查看文件，如图8-31所示。

图 8-31

8.4.4 音频格式

打开制作完成的任意工程文件，如图8-32
所示。

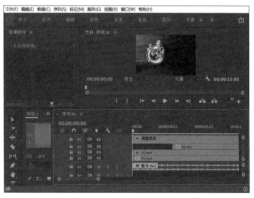

图 8-32

在打开的【导出设置】对话框右侧单击
展开【导出设置】，设置合适的格式、输出
名称和位置，接着单击【音频】选项卡，取

消选中【导入项目中】复选框，设置完成后单击【导出】按钮，如图8-33所示。

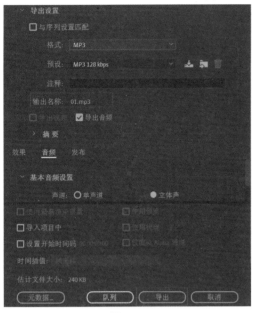

图 8-33

此时进行渲染输出，如图8-34所示。

图 8-34

渲染输出完成后，在刚刚设置的保存路径下即可查看文件，如图8-35所示。

图 8-35

8.5 课后习题

1 选择题

1. 按下列哪个组合键可以调出【导出设置】对话框？（　　）

   A. Ctrl+A　　　　B. Ctrl+D

   C. Ctrl+M　　　　D. Alt+M

2. 下列哪种格式不可以通过 Premiere输出？（　　）

   A. AVI　　　　　B. MP4

   C. MOV　　　　 D. MAX

2 填空题

1. 除了在【导出设置】对话框中输出作品外，还可以使用＿＿＿＿输出。

2. ＿＿＿＿＿ 实际上是一个格式编码工具，它提供了丰富的输出类型，包括AVI、H.264、MPEG2、QuickTime、TIFF、PNG等。

3 判断题

1. 在Premiere中输出视频时，可以输出【时间轴】面板中与素材一致的全长度视频，也可以输出部分片段视频。（　　）

2. 在输出图片格式时，需要在【导出设置】对话框中取消选中【导出为序列】复选框。（　　）

课后实战

● 输出视频

作业要求：使用【导出设置】对话框或 Adobe Media Encoder软件将自己创作的任意作品输出为视频格式。

第9章

广告设计
综合应用

广告设计在 Premiere 中是重要的应用领域之一。利用广告设计可以为单调的产品添加动画效果，将文案转换成动画画面，使产品具有独特的风格与视觉冲击力，从而提高广告的宣传效率，让受众获得清晰的广告信息。

能力目标

❖ 掌握广告的应用

9.1 实操：手工橡木浴室柜广告

文件路径：资源包\案例文件\第9章
广告设计综合应用\实操：手工橡木浴室
柜广告

随着人们生活质量的不断提升，在家居方面，纯天然的手工制品颇受人们喜爱。本案例制作的"手工橡木浴室柜广告"效果如图9-1所示。

图 9-1

9.1.1 项目诉求

本案例是以"手工橡木浴室柜"为主题的视频广告项目。手工制品常常给人一种陈旧、古朴感。要求视频能够体现出手工制品的特点，而且能够让人看到具体的浴室柜细节。

9.1.2 设计思路

本案例以"多角度浴室柜展示"为基本设计思路，将浴室柜的整体效果与细节进行多角度的精细展示，并制作文字进行更加精细的讲解和丰富画面。

9.1.3 配色方案

主色：白色作为主色，给人简约、品质考究的感觉，如图9-2所示。纯白色的图层作为背景，使画面中的其他元素更为突出，方便阅读，画面也更具有张力。

图 9-2

辅助色：本案例采用米色与巧克力色作为辅助色，如图9-3所示。米色与巧克力色为同类色，对比较弱，给人和谐、统一的画面感，以及古典、辉煌、温暖的感觉。

图 9-3

9.1.4 项目实战

操作步骤：

1. 制作图片效果

（1）执行【文件】→【新建】→【项目】命令，打开【新建项目】对话框，设置【名称】，并单击【浏览】按钮设置保存路径。执行【文件】→【新建】→【序列】命令，打开【新建序列】对话框，在【DV-PAL】文件夹下选择【标准48kHz】，如图9-4所示。

图 9-4

（2）单击【项目】面板底部的【新建素材箱】按钮，新建一个素材箱，并将其重命名为"图片"，如图9-5所示。执行【文件】→【导入】命令（或者按Ctrl+I组合键），导入全部素材文件，如图9-6所示。

图 9-5

图 9-6

（3）将【项目】面板中的1.jpg素材文件拖曳到V1轨道上，如图9-7所示，并设置结束帧为2秒。

图 9-7

（4）用鼠标右键单击【时间轴】面板中的1.jpg素材文件，在弹出的快捷菜单中执行【缩放为帧大小】命令，如图9-8所示。此时画面效果如图9-9所示。

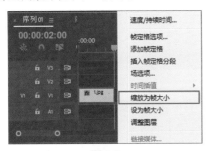

图 9-8

图 9-9

（5）选择V1轨道上的1.jpg素材文件，然后展开【运动】，设置【位置】为（372.0，348.0），【缩放】为124.0，如图9-10所示。此时画面效果如图9-11所示。

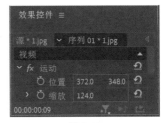

图 9-10

图 9-11

（6）将【项目】面板中的2.jpg素材文件拖曳到V1轨道上并设置结束帧为4秒，如图9-12所示，用鼠标右键单击V1轨道，在弹出的快捷菜单中执行【缩放为帧大小】命令。

图 9-12

（7）选择V1轨道上的2.jpg素材文件，展开【运动】，设置【位置】为（360.0,310.0），【缩放】为108.0，如图9-13所示。此时画面效果如图9-14所示。

图 9-13

图 9-14

（8）将【项目】面板中的【3.png】～【6.png】、【7jpg】～【9.jpg】素材文件分别拖曳到V1轨道上，并设置结束时间为18秒15帧如图9-15所示。接着在V1轨道上单击鼠标右键，在弹出的快捷菜单中选择【缩放为帧大小】命令。

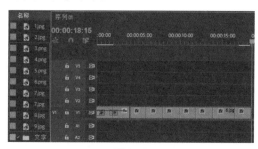

图 9-15

（9）选择V1轨道上的3.png素材文件，然后设置【缩放】为135.0，如图9-16所示。此时画面效果如图9-17所示。

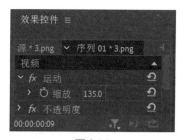

图 9-16

图 9-17

（10）选择V1轨道上的4.png素材文件，然后设置【缩放】为116.0，如图9-18所示。此时画面效果如图9-19所示。

图 9-18

图 9-19

（11）选择V1轨道上的5.png素材文件，然后设置【缩放】为135.0，如图9-20所示。此时画面效果如图9-21所示。

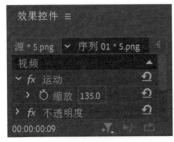

图 9-20

图 9-21

（12）按Ctrl+C组合键复制5.png素材文件的缩放效果参数，然后按Ctrl+V组合键将其粘贴到6.png和7.jpg素材文件上，赋予相同的效果，如图9-22所示。此时画面效果如图9-23所示。

图 9-22

图 9-23

（13）选择V1轨道上的8.jpg素材文件，然后设置【缩放】为109.0，如图9-24所示。此时画面效果如图9-25所示。

图 9-24

图 9-25

（14）选择V1轨道上的9.jpg素材文件，在【效果控件】面板中展开【运动】，将时间线滑动至16秒16帧位置，设置【缩放】为180.0，单击【缩放】左边的 按钮，开启自动关键帧，如图9-26所示。继续将时间线滑动至17秒23帧位置，展开【不透明度】，设置【不透明度】为100.0%，单击【不透明度】左边的 按钮，开启自动关键帧。继续将时间线滑动至18秒14帧位置，设置【缩放】为83.0，继续将时间线滑动至19秒03帧位置，设置【不透明度】为20%。此时画面效果如图9-27所示。

图 9-26

图 9-27

2. 制作字幕效果

（1）在【项目】面板底部单击【新建素材箱】按钮，新建素材箱并命名为"文字"，如图9-28所示。接下来制作底部标签中的文字。执行菜单栏中的【文件】→【新建】→【旧版标题】命令，在打开的对话框中设置相应的名称，如图9-29所示。

（2）单击 T（文字工具）按钮，在工作区域中输入大标题文字，然后设置适合的【字体系列】，设置【字体大小】为45.0，勾选【填充】复选框，设置【颜色】为黑色，然后选中"橡木"两字，设置【颜色】为红色，如图9-30所示。在大标题下方继续输入小标题文字，设置适合的【字体系列】，设置【字体大小】为22.0，勾选【填充】复选框，【颜色】为黑色，如图9-31所示。

图 9-28

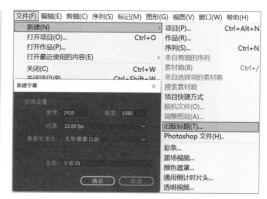

图 9-29

图 9-30

图 9-31

（3）关闭【字幕】面板，将【项目】面板中的"字幕01"素材文件拖曳到V2轨道上，设置起始帧和结束帧与V1轨道上1.jpg素材文件的起始帧和结束帧对齐，如图9-32所示。

（4）选择V2轨道上的"字幕01"素材文件，展开【不透明度】，将时间线滑动至起始位置，设置【不透明度】为0.0%，并单击【不透明度】左边的 按钮，开启自动关键帧，如图9-33所示。继续将时间线滑动至1秒8帧位置,设置【不透明度】为100.0%,最后将时间线滑动至2秒位置,设置【不透明度】为0.0%。此时画面效果如图9-34所示。

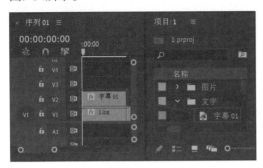

图 9-32

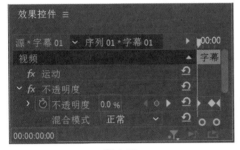

图 9-33

图 9-34

（5）制作形状及字幕。执行菜单栏中的【文件】→【新建】→【旧版标题】命令,在打开的对话框中设置【名称】为"字幕02",然后单击【确定】按钮。单击▢（矩形工具）按钮,在工作区域中绘制一个长条矩形,设置【颜色】为浅灰色,如图9-35所示。

（6）单击IT（垂直文字工具）按钮,在工作区域中的灰色矩形中输入相应的文字,

然后设置【字体系列】为微软雅黑,【字体大小】为40.0,勾选【填充】复选框,设置【颜色】为黑色和橘色,如图9-36所示。

图 9-35

图 9-36

（7）关闭【字幕】面板,将【项目】面板中的"字幕02"素材文件拖曳到V2轨道上,将其与2.jpg素材文件对齐,如图9-37所示。

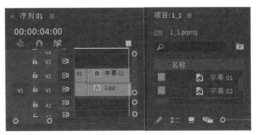

图 9-37

（8）在【效果】面板中搜索【块溶解】效果,然后将该效果拖曳到V2轨道的"字幕02"素材文件上,如图9-38所示。

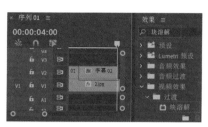

图 9-38

（9）选择V2轨道上的"字幕02"素材文件，展开【块溶解】，将时间线滑动至2秒位置，设置【过渡完成】为80%，单击【过渡完成】左边的 按钮，开启自动关键帧，如图9-39所示。继续将时间线滑动至3秒08帧位置，设置【过渡完成】为0%。此时画面效果如图9-40所示。

图 9-39

图 9-40

（10）新建【字幕】，单击 （直线工具）按钮，在工作区域中绘制直线线段，并设置【图形类型】为开放贝塞尔曲线，【线宽】为5.0，设置【颜色】为浅灰色。接着单击 （椭圆工具）按钮，按住Shift键在工作区域中绘制一个圆，设置【颜色】为浅灰色，如图9-41所示。即完成了在【字幕】面板中制作小标签。

（11）关闭【字幕】面板，将【项目】面板中的"字幕04"素材文件拖曳到V3轨道上，将其与2.jpg素材文件对齐，如图9-42所示。

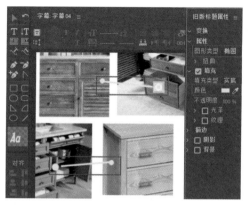

图 9-41

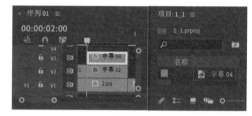

图 9-42

（12）选择V3轨道上的"字幕04"素材文件，展开【不透明度】，将时间线滑动至2秒位置，设置【不透明度】为50.0%，单击【不透明度】左边的 按钮，开启自动关键帧，如图9-43所示。继续将时间线滑动至3秒位置，设置【过渡完成】为100.0%。此时画面效果如图9-44所示。

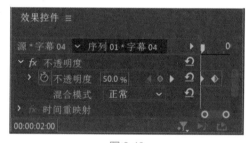

图 9-43

图 9-44

（13）继续新建字幕。单击▣（矩形工具）按钮，按住Shift键在工作区域中绘制一个正方形，并设置【图形类型】为开放贝塞尔曲线，【线宽】为5.0，勾选【填充】复选框，设置【颜色】为浅灰色，如图9-45所示。

图 9-45

（14）关闭【字幕】面板，将【项目】面板中的"字幕05"素材文件拖曳到V4轨道上，使其与V1轨道上的01.jpg素材文件对齐，如图9-46所示。

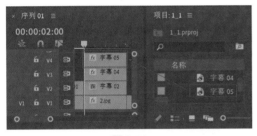

图 9-46

（15）选择V4轨道上的"字幕05"素材文件，展开【运动】，设置【位置】为（500.5,198.4），然后将时间线滑动至2秒位置，设置【旋转】为0.0°，单击【旋转】左边的◉按钮，开启自动关键帧，如图9-47所示。继续将时间线滑动至3秒23帧位置，设置【旋转】为1×0.0°。此时画面效果如图9-48所示。

图 9-47

图 9-48

（16）使用同样的方法在底部标签中绘制正方形，将其拖曳到V5轨道上，在【效果控件】面板中设置合适的参数。此时画面效果如图9-49所示。

图 9-49

（17）新建字幕。单击▣（文字工具）按钮，在工作区域中输入文字，然后设置适合的【字体系列】，设置【字体大小】为50.0，勾选【填充】复选框，设置【颜色】为白色，如图9-50所示。

图 9-50

（18）关闭【字幕】面板，将【项目】面板中的"字幕03"素材文件拖曳到V2轨道上，如图9-51所示，结束帧与V1轨道上4.png素材文件的结束帧对齐。

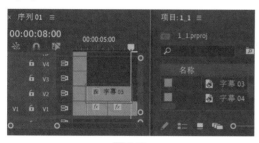

图 9-51

（19）选择V2轨道上的"字幕03"素材文件，在【效果控件】面板中展开【运动】，设置【缩放】为105.0，然后将时间线滑动至7秒1帧位置，设置【不透明度】为100.0%，单击【不透明度】左边的■按钮，开启自动关键帧，如图9-52所示。继续将时间线滑动至8秒位置，设置【不透明度】为0.0%。此时画面效果如图9-53所示。

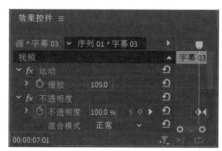

图 9-52

图 9-53

（20）在【效果】面板中搜索【百页窗】效果，然后将该效果拖曳到V2轨道的"字幕03"素材文件上，如图9-54所示。

图 9-54

（21）选择V2轨道上的"字幕03"素材文件，展开【百页窗】，将时间线滑动到4秒位置，设置【过渡完成】为100.0%，单击【不透明度】左边的■按钮，开启自动关键帧，如图9-55所示。继续将时间线滑动到4秒18帧位置，设置【过渡完成】为0.0%。此时画面效果如图9-56所示。

图 9-55

图 9-56

（22）在【效果控件】面板中复制【百页窗】效果，并粘贴在"字幕03"素材文件上，打开复制的【百页窗】效果，重新设置关键帧，将时间线滑动到7秒1帧位置，设置【过渡完成】为0%，单击【不透明度】左边的■按钮，开启自动关键帧，如图9-57所示。继续将时间线滑动到7秒14帧位置，设置【过渡完成】为41%。此时画面效果如图9-58所示。

图 9-57

图 9-58

（23）按同样的方法继续新建字幕，并设置相同的【字体系列】、【大小】及【颜色】。关闭【字幕】面板后，将【项目】面板中的"字幕07"和"字幕11"素材文件分别拖曳到V2和V3轨道上，设置结束帧为14秒，如图9-59所示。

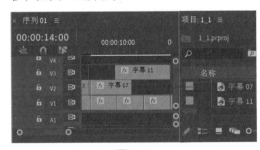

图 9-59

（24）选择V2轨道上的"字幕07"素材文件，将时间线滑动到8秒位置，设置【缩放】为65.0，单击【缩放】左边的 按钮，开启自动关键帧。继续将时间线滑动到9秒02帧位置，设置【缩放】为100.0，接着展开【不透明度】，将时间线滑动到8秒位置，设置【不透明度】为50.0%，单击其左边的 按钮，开启自动关键帧（见图9-60）。继续将时间线滑动到9秒01帧位置，设置【不透

明度】为100.0%，然后将时间线滑动到9秒23帧位置，设置【不透明度】为100.0%，最后将时间线滑动到10秒13帧位置，设置【不透明度】为0.0%。此时画面效果如图9-61所示。

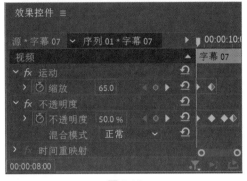

图 9-60

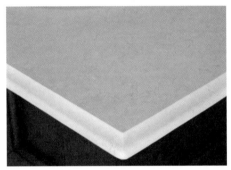

图 9-61

（25）选择V3轨道上的"字幕11"素材文件，展开【不透明度】，将时间线滑动到9秒21帧位置，设置【不透明度】为0.0%，单击【不透明度】左边的 按钮，开启自动关键帧，如图9-62所示。继续将时间线滑动到11秒20帧位置，设置【不透明度】为100.0%，然后将时间线滑动到14秒位置，设置【不透明度】为0.0%。此时画面效果如图9-63所示。

图 9-62

图 9-63

（26）制作线条形状、新建字幕。单击
▱（直线工具）按钮，在工作区中绘制直
线线段，并设置【线宽】为5.0，【颜色】为
浅灰色，如图9-64所示。

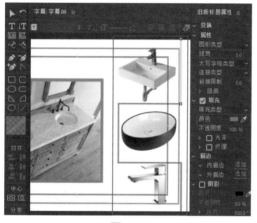

图 9-64

（27）将新建的字幕拖曳到V2轨道上并
与V1轨道上的8.jpg对齐，接着在【效果控
件】面板中展开【不透明度】，将时间线滑
动到15秒02帧位置，设置【不透明度】为
100.0%，单击【不透明度】左边的 按钮，
开启自动关键帧，如图9-65所示。继续将时
间线滑动到15秒14帧位置，设置【不透明
度】为100.0%，接着将时间线滑动到16秒
08帧位置，设置【不透明度】为20.0%。此
时画面效果如图9-66所示。

图 9-65

图 9-66

（28）在【效果】面板中搜索【百页窗】
效果，然后将该效果拖曳到V2轨道的"字
幕08"素材文件上，如图9-67所示。

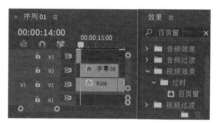

图 9-67

（29）选择V2轨道上的"字幕08"素材
文件，在【效果控件】中展开【百页窗】，
将时间线滑动到14秒位置，设置【过渡完
成】为100%，并单击【过渡完成】左边的
按钮，开启自动关键帧，如图9-68所示。
继续将时间线滑动到15秒02帧位置，设置
【不透明度】为100.0%。此时画面效果如
图9-69所示。

图 9-68

图 9-69

（30）新建字幕，将其拖曳到V3轨道上，将其与"字幕08"素材文件对齐。在【效果控件】面板中单击"字幕08"素材文件的效果，按Ctrl+C组合键复制【不透明度】效果和【百页窗】效果，然后单击V3轨道上的"字幕09"，按Ctrl+V组合键进行粘贴，接着在【效果控件】面板中展开【不透明度】，选择【不透明度】效果中第二个关键帧，按Delete键进行删除，如图9-70所示。此时效果如图9-71所示。

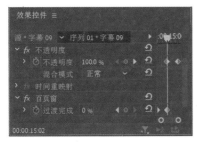

图 9-70

图 9-71

（31）新建字幕。单击█（文字工具）按钮，在工作区域中输入相应的文字，然后设置适合的【字体系列】，设置【字体大小】为65.0，勾选【填充】复选框，设置【颜色】为白色，如图9-72所示。

图 9-72

（32）将【项目】面板中的"字幕12"素材文件拖曳到V2轨道上，设置起始时间为18秒09帧，结束帧为20秒6帧，如图9-73所示。

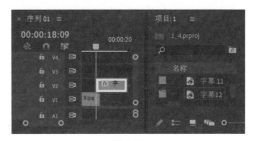

图 9-73

（33）选择V2轨道上的"字幕12"素材文件，在【效果控件】面板中展开【不透明度】，将时间线滑动到18秒09帧位置，设置【不透明度】为0.0%，单击【不透明度】左边的█按钮，开启自动关键帧，如图9-74所示。继续将时间线滑动到19秒2帧位置，设置【不透明度】为100.0%，然后将时间线滑动到19秒10帧位置，设置【不透明度】为100.0%，最后将时间线滑动到20秒6帧位置，设置【不透明度】为0.0%。此时画面效果如图9-75所示。

图 9-74

图 9-75

（34）在【效果】面板中搜索【块溶解】效果，然后将该效果拖曳到V2轨道的"字幕12"素材文件上，如图9-76所示。

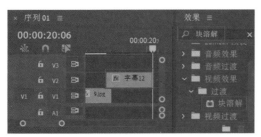

图 9-76

（35）选择V2轨道上的"字幕12"素材文件，在【效果控件】面板中展开【块溶解】，将时间线滑动到19秒06帧位置，设置【过渡完成】为0%，单击【过渡完成】左边的█按钮，开启自动关键帧，如图9-77所示。继续将时间线滑动到19秒18帧位置，设置【过渡完成】为59%。此时画面效果如图9-78所示。

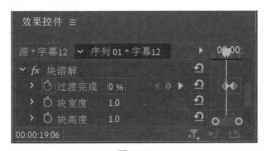

图 9-77

图 9-78

3. 制作转场效果

（1）在【效果】面板中搜索【白场过渡】效果，然后将该效果拖曳到V1轨道中1.jpg素材文件的起始位置，如图9-79所示。

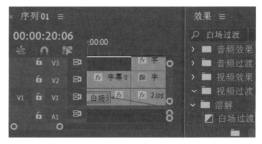

图 9-79

（2）单击V1轨道上1.jpg中的【白场过渡】效果，按Ctrl+C组合键进行复制，然后将时间线拖曳到1.jpg和2.jpg中间，按Ctrl+V组合键进行粘贴，如图9-80所示。此时画面效果如图9-81所示。

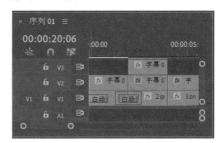

图 9-80

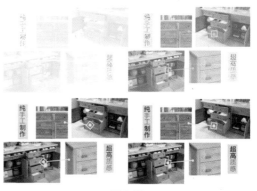

图 9-81

（3）使用同样的方法继续将该转场效果粘贴到2.jpg和3.jpg中间，如图9-82所示。

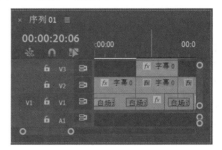

图 9-82

Premiere Pro 2022 影视编辑与特效制作案例教程（全彩慕课版）

（4）在【效果】面板中搜索【交叉溶解】效果，然后将其分别拖曳到V1轨道中3.png和4.png素材文件的中间位置、5.png和6.png素材文件的中间位置，以及6.png和7.jpg素材文件的中间位置，如图9-83所示。

（5）在【效果】面板中搜索【白场过渡】效果，然后将其拖曳到V1轨道中4.png和5.png素材文件的中间位置、7.jpg和8.jpg素材文件的中间位置，以及8.jpg和9.jpg素材文件的中间位置，如图9-84所示。

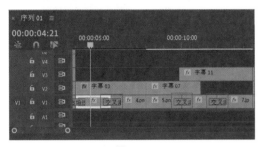

图 9-83

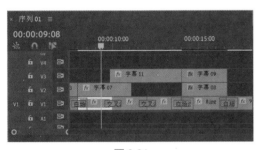

图 9-84

（6）在【效果控件】面板中适当调整【白场过渡】转场效果的【持续时间】，此时滑动时间线，查看画面效果，如图9-85所示。

图 9-85

4. 制作配乐

（1）将【项目】面板中的音乐.mp3素材文件拖曳到A1轨道上，如图9-86所示。

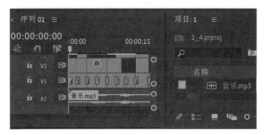

图 9-86

（2）将时间线滑动至合适的位置，然后单击▧（剃刀工具）按钮，接着单击鼠标左键进行剪辑，如图9-87所示。

图 9-87

（3）选择A1轨道上剪辑后的前半部分音乐.mp3素材文件，按Delete键删除，并将剩余的音乐.mp3素材文件向左拖曳，如图9-88所示。

图 9-88

（4）将时间线拖曳到20秒6帧位置，然后单击▧（剃刀工具）按钮，接着单击鼠标左键进行剪辑，如图9-89所示。

图 9-89

（5）选择A1轨道上剪辑的后半部分音乐.mp3素材文件，按Delete键删除，如图9-90所示。

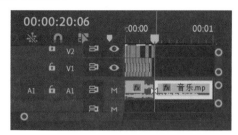

图 9-90

（6）选择A1轨道上的音乐.mp3素材文件，然后单击 ，为音乐.mp3素材文件首尾创建4个关键帧，并按住鼠标左键将首尾两端的两个关键帧向下拖曳，制作音频文件的淡入淡出效果，如图9-91所示。

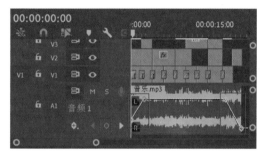

图 9-91

（7）本案例制作完成，滑动时间线，查看最终效果，如图9-92所示。

图 9-92

9.2 实操：淘宝服装宣传广告

文件路径：资源包\案例文件\第9章 广告设计综合应用\实操：淘宝服装宣传广告

本案例应用文字工具、相关属性（位置、不透明度、缩放）及视频过渡效果等制作淘宝服装宣传广告视频，如图9-93所示。

图 9-93

9.2.1 项目诉求

本案例是以"服装宣传"为主题的短视频广告项目。要求视频能够让消费者产生购买欲，并体现服装特点。

9.2.2 设计思路

本案例以服装展示为基本设计思路，拍摄服装上身的效果，并采用多种角度进行展示，同时制作文字，以获得更精细的讲解细节，使画面既易于阅读，又具时尚感。

9.2.3 配色方案

主色：奶黄色作为主色，给人柔软、活力、阳光的感觉，让人联想到光照、温暖，使画面柔和且更突出画面中的元素，如图9-94所示。

图 9-94

辅助色：本案例采用橄榄绿色、驼色与白色作为辅助色，如图9-95所示。橄榄绿色作为画面的重色，给人一种简约感。驼色给人舒适、柔和的感觉。白色则很好地中和画面中的所有颜色。

图 9-95

9.2.4 项目实战

操作步骤：

1. 视频剪辑

（1）执行【文件】→【新建】→【项目】命令，打开【新建项目】对话框，设置【名称】，并单击【浏览】按钮设置保存路径。在【项目】面板的空白处单击鼠标右键，在弹出的快捷菜单中选择【新建项目】→【序列】，在打开的【新建序列】对话框中单击【设置】按钮，在打开的【序列设置】对话框中设置【编辑模式】为自定义，【时基】为25.00帧/秒，【帧大小】为1920，【水平】为1080，【像素长宽比】为方形像素（1.0），如图9-96所示。

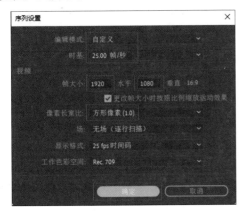

图 9-96

（2）执行【文件】→【导入】命令（或者按Ctrl+I组合键），在打开的【导入】对话框中导入全部素材文件，如图9-97所示。

图 9-97

（3）将【项目】面板中的2.MOV素材文件拖曳到V1轨道上，如图9-98所示。在【时间轴】面板中按住Alt键单击选中A1轨道上的音频素材文件，按Delete键删除，如图9-99所示。

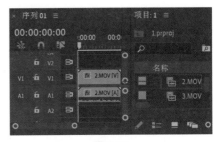

图 9-98

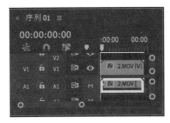

图 9-99

（4）将时间线滑动到5帧位置，单击 ◆（剃刀工具）按钮，再单击鼠标左键进行剪辑，如图9-100所示。

图 9-100

（5）单击 ▶（选择工具）按钮，选择V1轨道上剪辑后的前半部分2.MOV素材文件，然后单击鼠标右键，在弹出的快捷菜单中执行【波纹删除】命令，如图9-101所示。

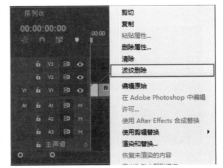

图 9-101

（6）继续选中V1轨道上的素材，将时间线滑动到14帧位置，按Ctrl+K组合键进行剪辑。选择V1轨道上剪辑后的2.MOV素材文件的后半部分，按Delete键删除，如图9-102所示。

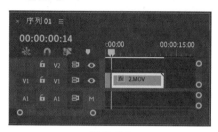

图 9-102

（7）将【项目】面板中的1.MOV素材文件拖曳到V1轨道上2.MOV素材文件右边，用鼠标右键单击V1轨道上的1.MOV素材文件，在弹出的快捷菜单中执行【取消链接】命令，如图9-103所示。然后单击A1轨道上的音频素材文件，按Delete键删除。

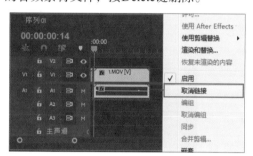

图 9-103

（8）单击▧（剃刀工具）按钮，将时间线滑动到2秒07帧位置和5秒13帧位置，单击鼠标左键进行剪辑，如图9-104所示。按住Shift键，同时选择V1轨道上剪辑后的1.MOV素材文件的前半部分和后半部分，单击鼠标右键，在弹出的快捷菜单中执行【波纹删除】命令，如图9-105所示。

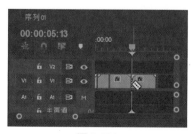

图 9-104

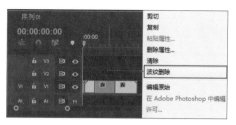

图 9-105

（9）再次将【项目】面板中的2.MOV素材文件拖曳到V1轨道上1.MOV素材文件右边，并删除该素材文件的音频部分，如图9-106所示。

图 9-106

（10）在【时间轴】面板中将时间线滑动到10秒21帧位置，单击▧（剃刀工具）按钮，单击鼠标左键进行剪辑，如图9-107所示。选择剪辑后2.MOV素材文件的前半部分，然后单击鼠标右键，在弹出的快捷菜单中执行【波纹删除】命令，此时2.MOV素材文件后半部分将自动向前补位，如图9-108所示。

图 9-107

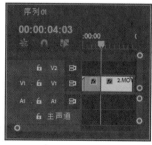

图 9-108

（11）在【时间轴】面板中将时间线滑动到6秒12帧、8秒12帧和9秒22帧位置，按Ctrl+K组合键进行剪辑，如图9-109所示。

图 9-109

（12）选择6秒12帧右边的素材，按Shift+Delete组合键进行波纹删除，选择剪辑后的后半部分，按Delete键将其删除，如图9-110所示。

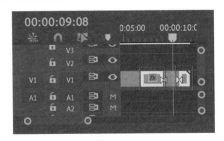

图 9-110

（13）将【项目】面板中的3.MOV素材文件拖曳到V1轨道上，并删除该素材的音频部分，如图9-111所示。

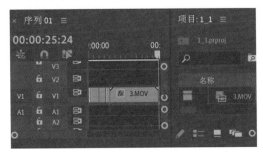

图 9-111

（14）在【时间轴】面板中将时间线滑动到11秒5帧位置，按Ctrl+K组合键进行剪辑。单击▶（选择工具）按钮，选择V1轨道上剪辑后的3.MOV素材文件的前半部分，如图9-112所示，然后单击鼠标右键，在弹出的快捷菜单中执行【波纹删除】命令。

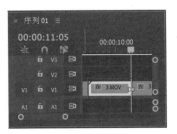

图 9-112

（15）在【时间轴】面板中将时间线滑动到8秒24帧、11秒16帧和12秒17帧位置，按Ctrl+K组合键进行剪辑。然后单击▶（选择工具）按钮，选择V1轨道上8秒24帧右边的3.MOV素材文件，如图9-113所示，单击鼠标右键，在弹出的快捷菜单中执行【波纹删除】命令。

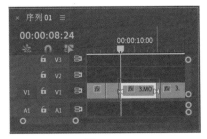

图 9-113

（16）选择V1轨道上8秒24帧右边的3.MOV素材文件，展开【运动】，设置【位置】为（960.0,702.0）、【缩放】为160，如图9-114所示。此时画面效果如图9-115所示。

图 9-114

图 9-115

（17）在【时间轴】面板中将时间线滑动到12秒和14秒21帧位置，按Ctrl+K组合键进行剪辑。然后单击▶（选择工具）按钮，选择V1轨道上剪辑后的3.MOV素材文件的前半部分和后半部分，如图9-116所示，单击鼠标右键，在弹出的快捷菜单中执行【波纹删除】命令。

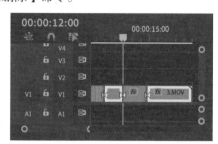

图 9-116

（18）选择V1轨道上3.MOV素材文件的后半部分，展开【不透明度】，将时间线滑动到12秒3帧位置，设置【不透明度】为100.0%，并单击【不透明度】左边的 按钮，开启自动关键帧，继续将时间线滑动到12秒20帧位置，设置【不透明度】为60.0%，如图9-117所示。此时画面效果如图9-118所示。

图 9-117

图 9-118

（19）制作视频转场效果。在【效果】面板中搜索【交叉溶解】效果，然后将其拖曳到V1轨道上1.MOV和2.MOV素材文件的中间位置，如图9-119所示。此时转场效果

如图9-120所示。

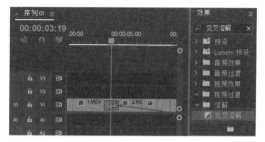

图 9-119

图 9-120

（20）单击该【交叉溶解】效果，按Ctrl+C组合键进行复制，然后将时间线拖曳到剪辑后的2.MOV的前半部分和2.MOV的后半部分素材文件中部、2.MOV和3.MOV素材文件中部，按Ctrl+V组合键进行粘贴，如图9-121所示。此时画面效果如图9-122所示。

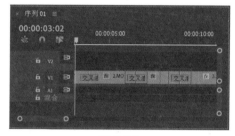

图 9-121

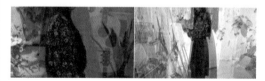

图 9-122

2. 制作字幕效果

（1）制作视频中的文字部分。执行菜单栏中的【文件】→【新建】→【旧版标题】命令，在打开的对话框中设置合适的名称，如图9-123所示。

Premiere Pro 2022 影视编辑与特效制作案例教程（全彩慕课版）

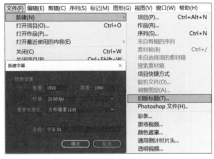

图 9-123

（2）单击 **T**（文字工具）按钮，在工作区域中输入该视频的标题文字，然后设置适合的【字体系列】，设置【字体大小】为200.0，勾选【填充】复选框，设置【颜色】为白色，如图9-124所示。

图 9-124

（3）关闭【字幕】面板，将【项目】面板中的"字幕01"素材文件拖曳到V2轨道上，结束帧设置为2秒8帧，如图9-125所示。

图 9-125

（4）选择V2轨道上的"字幕01"素材文件，展开【不透明度】，将时间线滑动到1秒11帧位置，设置【不透明度】为100.0%，并单击【不透明度】左边的 **❤**（切换动画）按钮，开启自动关键帧，如图9-126所示。继续将时间线滑动到2秒7帧位置，设置【不透明度】为0.0%。

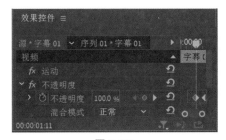

图 9-126

（5）在【效果】面板中搜索【白场过渡】效果，然后将其拖曳到V1轨道的"字幕01"素材文件起始位置，如图9-127所示。此时字幕效果如图9-128所示。

图 9-127

图 9-128

（6）继续制作字幕。执行菜单栏中的【文件】→【新建】→【旧版标题】命令，在打开的对话框中设置【名称】为"字幕02"，然后单击【确定】按钮。单击 **□**（矩形工具）按钮，在工作区域中绘制一个长条矩形，设置【图形类型】为开放贝塞尔曲线，【线宽】为5.0，【颜色】为白色，如图9-129所示。

图 9-129

（7）继续单击 ✏ （直线工具）按钮，在工作区域中绘制一条线段，设置【图形类型】为开放贝塞尔曲线，【线宽】为10.0，【颜色】为黄色，如图9-130所示。接着单击 Ｔ （文字工具）按钮，在工作区域的矩形中输入"做工精致"文字，然后设置适合的【字体系列】，设置【字体大小】为100.0，勾选【填充】复选框，设置【颜色】为白色，如图9-131所示。

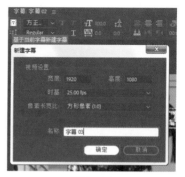

图 9-132

图 9-130

图 9-133

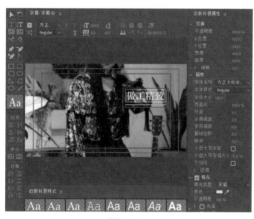

图 9-131

（8）在【字幕】面板中单击 □ （基于当前字幕新建字幕）按钮，在打开的对话框中设置"名称"为【字幕03】，如图9-132所示。单击 ▶ （选择工具）按钮，将"字幕02"中的形状及文字向下拖曳，如图9-133所示。

（9）选中"字幕03"中的文字部分，将文字更改为"设计独到"，如图9-134所示。

图 9-134

（10）关闭【字幕】面板，将【项目】面板中的"字幕02"素材文件拖曳到V2轨道上，设置起始帧为3秒21帧，如图9-135所示，结束帧为7秒。

图 9-135

Premiere Pro 2022 影视编辑与特效制作案例教程（全彩慕课版）

（11）选择V2轨道上的"字幕02"素材文件，展开【不透明度】，将时间线滑动到3秒20帧位置，设置【不透明度】为0.0%，并单击【不透明度】左边的██按钮，开启自动关键帧，如图9-136所示。将时间线滑动到5秒4帧位置，设置【不透明度】为50.0%，再将时间线滑动到6秒位置，设置【不透明度】为100.0%。继续将时间线滑动到6秒24帧位置，设置【不透明度】为0.0%。此时画面效果如图9-137所示。

图 9-136

图 9-137

（12）将【项目】面板中的"字幕03"素材文件拖曳到V2轨道上，设置起始帧为8秒12帧，结束帧为10秒24帧，如图9-138所示。

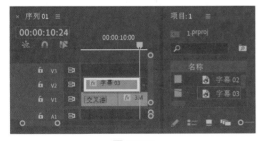

图 9-138

（13）选择V2轨道上的"字幕03"素材文件，展开【不透明度】，将时间线滑动到8秒12帧位置，设置【不透明度】为40.0%，并单击【不透明度】左边的██按钮，开启自动关键帧，如图9-139所示。将时间线滑动到10秒16帧位置，设置【不透明度】为100.0%。此时画面效果如图9-140所示。

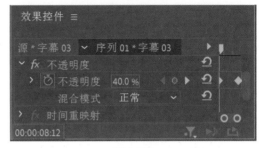

图 9-139

图 9-140

（14）再次将【项目】面板中的"字幕01"素材文件拖曳到V2轨道上，设置起始帧为12秒21帧，结束帧为15秒17帧，如图9-141所示。

图 9-141

（15）选择V2轨道上的"字幕01"素材文件，展开【不透明度】，将时间线滑动到12秒21帧位置，设置【不透明度】为0.0%，并单击【不透明度】左边的██按钮，开启自动关键帧，如图9-142所示。将时间线滑动到13秒23帧位置，设置【不透明度】为100.0%。此时画面效果如图9-143所示。

图 9-142

图 9-143

（16）在【效果】面板中搜索【块溶解】效果，然后将其拖曳到V2轨道的"字幕01"素材文件上，如图9-144所示。

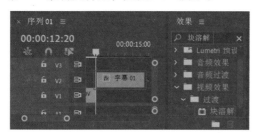

图 9-144

（17）选择V2轨道上的"字幕01"素材文件，展开【块溶解】，将时间线滑动到14秒4帧位置，设置【过渡完成】为0%，单击【过渡完成】左边的 按钮，开启自动关键帧，如图9-145所示。继续将时间线滑动到15秒17位置，设置【过渡完成】为90%。此时画面效果如图9-146所示。

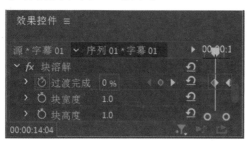

图 9-145

图 9-146

3. 制作配乐

（1）按Ctrl+I组合键，导入配乐.mp3素材文件，如图9-147所示。将【项目】面板中的配乐.mp3素材文件拖曳到A1轨道上，如图9-148所示。

图 9-147

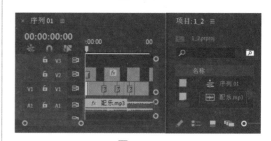

图 9-148

（2）选择【时间轴】面板中A1轨道上的配乐.mp3素材文件，将时间线滑动至31秒6帧位置，单击 （剃刀工具）按钮，再单击鼠标左键进行剪辑，如图9-149所示。单击 （选择工具）按钮，选择配乐.mp3素材文件的前半部分，按Delete键删除，如图9-150所示。删除完成后，将A1轨道上的素材文件向前移动进行补位。

图 9-149

图 9-150

（3）将时间线滑动至15秒18帧位置，单击 ◇（剃刀工具）按钮，再单击鼠标左键进行剪辑，如图9-151所示。单击 ▶（选择工具）按钮，选择音频文件的后半部分，按Delete键删除，如图9-152所示。

图 9-151

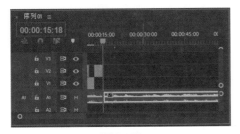

图 9-152

（4）制作配乐声音的淡入淡出效果。选择【时间轴】面板中A1轨道上的配乐.mp3素材文件，在起始帧和结束帧单击 ▨ ◯ 按钮，各添加一个关键帧，然后在1秒4帧和4秒9帧位置各添加一个关键帧，如图9-153所示。

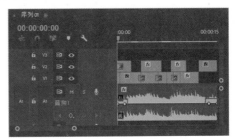

图 9-153

（5）将鼠标指针分别放置在第一个和最后一个关键帧上，并按住鼠标左键向下拖曳，制作出音乐的淡入淡出效果，如图9-154所示。此时按空格键播放预览，就可以听到音频的淡入淡出效果。

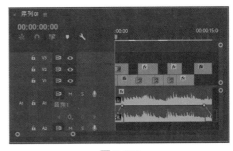

图 9-154

第10章

短视频制作
综合应用

短视频是互联网中信息的一种传播方式。短视频制作简单、内容丰富、短小、有创意，用户可以通过它快速表达个人想法和创意，精确地表达想要传递的内容。

■ 能力目标

❖ 熟悉短视频的制作过程
❖ 掌握短视频的应用

10.1 实操：日常生活 Vlog 短视频

文件路径：资源包\案例文件\第10章
短视频设计综合应用\实操：日常生活
Vlog短视频

本案例使用【剃刀工具】、【选择工具】
与Ctrl+K组合键剪辑视频，使用多种过渡效
果制作素材过渡效果，如图10-1所示。

图 10-1

10.1.1 项目诉求

本案例是以"日常生活"为主题的短视
频制作项目。记录生活的视频比比皆是，但
很多都与普通人的生活脱节。要求视频具有
真实性，且具有美感。

10.1.2 设计思路

本案例以女性生活Vlog为基本设计思
路，以女性日常从化妆到出发去开会，再到
下班为内容进行拍摄，同时使用多种转场效
果使视频更具美感，制作文字使视频的主旨
更加鲜明。

10.1.3 配色方案

本案例以小清新风格为整体画面风格。
小清新风格给人清新自然、安逸柔和的感
觉，使画面更具真实性与观赏性。

10.1.4 项目实战

操作步骤：

（1）新建项目、导入文件。执行【文件】
→【新建】→【项目】命令，新建一个项目。

接着执行【文件】→【导入】命令，导入全
部素材。在【项目】面板中将01.mp4素材文
件拖曳到【时间轴】面板中的V1轨道上，此
时在【项目】面板中自动生成一个与01.mp4
素材文件等大的序列，如图10-2所示。

图 10-2

（2）滑动时间线，此时画面效果如
图10-3所示。

图 10-3

（3）在【时间轴】面板中用鼠标右键
单击V1轨道上的01.mp4素材文件，在弹出
的快捷菜单中选择【取消链接】命令，如
图10-4所示。

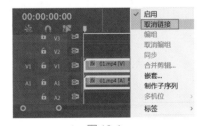

图 10-4

（4）在【时间轴】面板中单击V1轨道
上01.mp4素材文件的音频部分，按Delete键
删除，如图10-5所示。

图 10-5

（5）将时间线滑动到2秒位置，在【时间轴】面板中选择V1轨道上的01.mp4素材文件，按C键切换为 ◈ （剃刀工具），在当前位置剪辑，如图10-6所示。

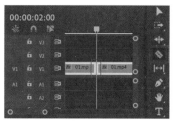

图 10-6

（6）按V键切换为 ▶ （选择工具），选择01.mp4素材的后半部分，按Delete键删除，如图10-7所示。

图 10-7

（7）在【项目】面板中将02.mp4素材文件拖曳到【时间轴】面板中V1轨道上01.mp4素材文件的右边，如图10-8所示。

图 10-8

（8）在【时间轴】面板中用鼠标右键单击V1轨道上的02.mp4素材文件，在弹出的快捷菜单中执行【取消链接】命令，如图10-9所示。

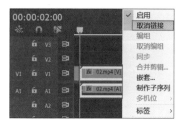

图 10-9

（9）在【时间轴】面板中单击V1轨道上02.mp4素材文件的音频，按Delete键删除，如图10-10所示。

图 10-10

（10）将时间线滑动到5秒位置，在【时间轴】面板中选择V1轨道上的02.mp4素材文件，按Ctrl+K组合键进行裁剪，如图10-11所示。

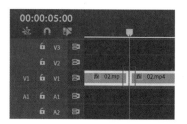

图 10-11

（11）在【时间轴】面板中选择02.mp4素材的后半部分，按Delete键删除，如图10-12所示。

图 10-12

（12）滑动时间线，此时画面效果如图10-13所示。

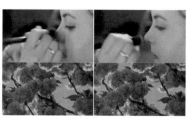

图 10-13

（13）在【项目】面板中将03.mp4素材文件拖曳到【时间轴】面板中V1轨道上02.mp4素材文件右边，如图10-14所示。

图 10-14

（14）将时间线滑动到7秒位置，在【时间轴】面板中选择V1轨道上的03.mp4素材文件，按Ctrl+K组合键进行裁剪，如图10-15所示。

图 10-15

（15）在【时间轴】面板中选择03.mp4素材的后半部分，按Delete键删除，如图10-16所示。

图 10-16

（16）在【项目】面板中将04.mp4素材文件拖曳到【时间轴】面板中V1轨道上04.mp4素材文件右边，如图10-17所示。

图 10-17

（17）在【时间轴】面板中用鼠标右键单击V1轨道上的04.mp4素材文件，在弹出的快捷菜单中执行【速度/持续时间】命令，如图10-18所示。

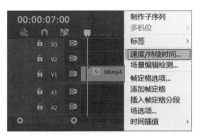

图 10-18

（18）在打开的【剪辑速度/持续时间】对话框中设置【速度】为520%，单击【确定】按钮，如图10-19所示。

图 10-19

（19）滑动时间线，此时画面效果如图10-20所示。

图 10-20

（20）在【效果】面板中搜索【黑场过渡】效果，接着将该效果拖曳到【时间轴】面板中V1轨道的01.mp4起始时间上，如图10-21所示。

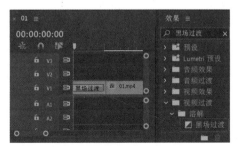

图 10-21

（21）在【效果】面板中搜索【Cross Zoom】效果，接着将该效果拖曳到【时间轴】面板中V1轨道的02.mp4起始时间上，如图10-22所示。

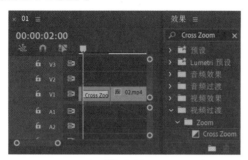

图 10-22

（22）在【效果】面板中搜索【交叉溶解】效果，接着将该效果拖曳到【时间轴】面板中V1轨道的03.mp4起始时间上，如图10-23所示。

图 10-23

（23）在【效果】面板中搜索【Iris Cross】效果，接着将该效果拖曳到【时间轴】面板中V1轨道的04.mp4起始时间上，如图10-24所示。

图 10-24

（24）滑动时间线，此时画面效果如图10-25所示。

图 10-25

（25）将时间线滑动至起始时间，单击 T（文字工具）按钮，在【节目监视器】面板中的合适位置单击并输入合适的文字，如图10-26所示。

图 10-26

（26）在【时间轴】面板中选择V2轨道上的文字，在【效果控件】面板中展开【文本（开始收藏世界）】，设置合适的【字体系列】和【字体样式】，设置【字体大小】为197，【填充】为白色，如图10-27所示。

图 10-27

（27）将时间线滑动到1秒12帧位置，在【时间轴】面板中选择V2轨道上的文字文件，按Ctrl+K组合键进行裁剪，如图10-28所示。

Premiere Pro 2022 影视编辑与特效制作案例教程（全彩慕课版）

图 10-28

（28）在【时间轴】面板中选择V2轨道上文字素材的后半部分，按Delete键删除，如图10-29所示。

图 10-29

（29）在【时间轴】面板中选择V2轨道上的文字素材文件，在【效果控件】面板中展开【不透明度】，将时间线滑动至14帧位置，单击【不透明度】左边的 🔘（切换动画）按钮，设置【不透明度】为100.0%，如图10-30所示。接着将时间线滑动到19帧位置，设置【不透明度】为0.0%。

图 10-30

（30）此时本案例制作完成，滑动时间线，效果如图10-31所示。

图 10-31

10.2 实操：青春活力感视频片头

文件路径：资源包\案例文件\第10章短视频设计综合应用\实操：青春活力感视频片头

本案例使用【关键帧】与【裁剪】效果调整素材文件的缩放、位置、不透明度的参数来制作视频动画效果，创建文字并使用【蒙版】制作文字动画。视频片头效果如图10-32所示。

图 10-32

10.2.1 项目诉求

本案例是以"旅行"为主题的短视频宣传项目。要求视频具有动感且年轻化，并要求包装效果丰富。

10.2.2 设计思路

本案例以旅行风景为基本设计思路，以出发旅行途中的风景为拍摄对象，同时使用纯色与文字制作动感效果，不断出现的文字使画面具有节奏感，也不断提示画面的主旨且符合年轻人的审美。

10.2.3 配色方案

主色：水青色作为主色，给人欢快、沉稳、广阔的感觉，同时高纯度颜色给人活跃感，也更加醒目，还更加突出画面中的其他元素，如图10-33所示。

辅助色：本案例采用绿色、白色与杏黄色作为辅助色，如图10-34所示。绿色是稳定的中性颜色，且给人自然的感觉。绿色与主色为邻近色，为画面整体起到协调、统一的作用。白色为画面起到过渡与平衡的作用。杏黄色是将饱和度过高的画面降噪下来，使画面更加富有层次。

图 10-33　　　　　图 10-34

操作步骤：

1. 片头部分

（1）新建序列。执行【文件】→【新建】→【项目】命令，新建一个项目。执行【文件】→【新建】→【序列】命令，在【新建序列】对话框中单击【设置】按钮，在打开的对话框中设置【编辑模式】为ARRI Cinema，【时基】为25.00帧/秒，【帧大小】为1920，【水平】为1080，【像素长宽比】为方形像素（1.0），如图10-35所示。

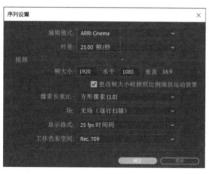

图 10-35

（2）在【项目】面板中用鼠标右键单击空白区域，在弹出的快捷菜单中执行【新建项目】→【颜色遮罩】命令，如图10-36所示。

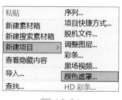

图 10-36

（3）在打开的【新建颜色遮罩】对话框中单击【确定】按钮，在打开的【拾色器】对话框中设置【颜色】为蓝色，单击【确定】

按钮，如图10-37所示。

图 10-37

（4）在【项目】面板中选择"颜色遮罩"，将其拖曳到【时间轴】面板中的V1轨道上，设置结束时间为1秒05帧，如图10-38所示。

图 10-38

（5）此时画面效果如图10-39所示。

图 10-39

（6）在【项目】面板中用鼠标右键单击空白区域，在弹出的快捷菜单中执行【新建项目】→【颜色遮罩】命令，如图10-40所示。

图 10-40

（7）在打开的【新建颜色遮罩】对话框中单击【确定】按钮，在打开的【拾色器】对话框中设置【颜色】为绿色，单击【确定】按钮，如图10-41所示。

图 10-41

（8）在【项目】面板中选择绿色的颜色遮罩，将其拖曳到【时间轴】面板中的V2轨道上，并设置结束时间为1秒05帧，如图10-42所示。

图 10-42

（9）在【时间轴】面板中选择V2轨道上的"颜色遮罩"，在【效果控件】面板中展开【运动】，将时间线滑动至2帧位置，单击【位置】左边的 （切换动画）按钮，设置【位置】为（1974.0,540.0）。接着将时间线滑动至11帧位置，设置【位置】为（960.0,540.0），如图10-43所示。

图 10-43

（10）在【效果】面板中搜索【裁剪】效果，接着将该效果拖曳到V2轨道上的"颜色遮罩"上，如图10-44所示。

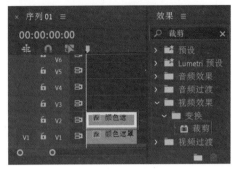

图 10-44

（11）在【时间轴】面板中选择V2轨道上的"颜色遮罩"，在【效果控件】面板中展开【裁剪】，设置【左侧】为61.0%，【顶部】为30.0%，【底部】为30.0%，如图10-45所示。

图 10-45

（12）滑动时间线，此时画面效果如图10-46所示。

图 10-46

（13）执行【文件】→【导入】命令，导入全部素材。在【项目】面板中选择01.mp4素材文件，将其拖曳到【时间轴】面板中的V3轨道上，如图10-47所示。

图 10-47

（14）将时间线滑动至1秒05帧位置，单击选择V3轨道上的01.mp4素材文件，按Ctrl+K组合键进行裁剪，如图10-48所示。

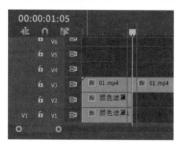

图 10-48

（15）在【时间轴】面板中单击时间线右边的01.mp4素材文件，按Delete键删除，如图10-49所示。

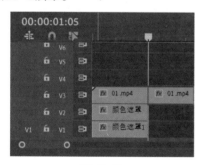

图 10-49

（16）在【时间轴】面板中选择V3轨道上的01.mp4，在【效果控件】面板中展开【运动】，将时间线滑动至起始时间位置，单击【位置】左边的 ◎（切换动画）按钮，设置【位置】为（959.0,540.0）。接着将时间线滑动至17帧位置，设置【位置】为（1013.0,540.0），如图10-50所示。

（17）展开【不透明度】，单击 ■（创建四点多边形蒙版工具）按钮，如图10-51所示。

图 10-50

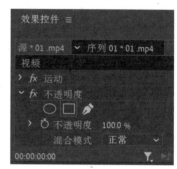

图 10-51

（18）在【节目监视器】面板中调整蒙版到合适的位置与大小，如图10-52所示。

图 10-52

（19）将时间线滑动至起始时间位置，在【时间轴】面板中选择V3轨道上的01.mp4，在【效果控件】面板中展开【不透明度】→【蒙版（1）】，单击【蒙版路径】左边的 ◎（切换动画）按钮，如图10-53所示。

图 10-53

（20）将时间线滑动至17帧位置，在【节目监视器】面板中调整蒙版到合适的位置与大小，如图10-54所示。

图 10-54

（21）滑动时间线，此时画面效果如图10-55所示。

图 10-55

（22）在【项目】面板中选择绿色的"颜色遮罩"，将其拖曳到【时间轴】面板中的V4轨道上，并设置结束时间为1秒05帧，如图10-56所示。

图 10-56

（23）在【时间轴】面板中选择V4轨道上的"颜色遮罩"，在【效果控件】面板中展开【运动】，将时间线滑动至起始时间位置，单击【位置】左边的 ⏱（切换动画）按钮，设置【位置】为（101.1,540.0），如图10-57所示。接着将时间线滑动至17帧位置，设置【位置】为（952.9,540.0）。

图 10-57

（24）在【效果】面板中搜索【裁剪】效果，接着将该效果拖曳到V4轨道上的"颜色遮罩"上，在【时间轴】面板中选择V4轨道上的"颜色遮罩"，在【效果控件】面板中展开【裁剪】，设置【顶部】为30.0%，【右侧】为63.0%，【底部】为30.0%，如图10-58所示。

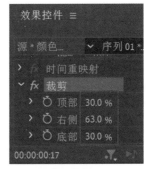

图 10-58

（25）在【时间轴】面板中选择V4轨道上的"颜色遮罩"，在【效果控件】面板中展开【不透明度】，设置【混合模式】为相乘，如图10-59所示。

图 10-59

（26）将时间线滑动至起始时间位置，在【工具】面板中单击 Ｔ（文字工具）按钮，在【节目监视器】面板的合适位置输入合适的内容，如图10-60所示。

图 10-60

（27）在【效果控件】面板中展开【文本】→【源文本】，设置合适的【字体系列】和【字体样式】，设置【字体大小】为193，【对齐方式】为▤（左对齐文本）与▤（顶对齐文本），单击 TT（全部大写字母）按钮，在【外观】栏中取消选中【填充】复选框，勾选【描边】复选框，设置【描边颜色】为白色，【描边大小】为10.0，如图10-61所示。

图 10-61

（28）展开【变换】，将时间线滑动至起始时间位置，单击【位置】左边的◎（切换动画）按钮，设置【位置】为（-860.6,620.5），如图10-62所示。将时间线滑动至17帧位置，设置【位置】为（24.4,626.5）。

图 10-62

（29）在【时间轴】面板中将文字图层的结束时间向左拖曳到1秒05帧位置，如图10-63所示。

（30）选择文字图层，按住Alt键复制文字图层并向上拖曳到V6轨道上，如图10-64所示。

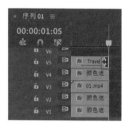 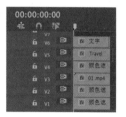

图 10-63　　　　　　图 10-64

（31）在【时间轴】面板中选择V6轨道上的文字，在【效果控件】面板中展开【文本】→【源文本】，在【外观】栏中勾选【填充】复选框，设置【填充】为白色，并取消选中【描边】复选框，如图10-65所示。

图 10-65

（32）展开【不透明度】，单击▢（创建四点多变形蒙版工具）按钮，如图10-66所示。

图 10-66

（33）在【节目监视器】面板创建蒙版并放至合适的位置与大小，如图10-67所示。

Premiere Pro 2022 影视编辑与特效制作案例教程（全彩慕课版）

（34）在【时间轴】面板中选择V6轨道上的文字图层，在【效果控件】面板中展开【不透明度】→【蒙版（1）】，将时间线滑动至8帧位置，单击【蒙版路径】左边的 ⓞ（切换动画）按钮，如图10-68所示。

图 10-67

图 10-68

（35）将时间线滑动至1秒02帧位置，在【节目监视器】面板创建蒙版路径并放至合适的位置与大小，如图10-69所示。

图 10-69

（36）滑动时间线，此时画面效果如图10-70所示。

图 10-70

2．片中部分

（1）在【项目】面板中将02.mp4素材文件拖曳到【时间轴】面板中V1轨道上"颜色遮罩"右边，如图10-71所示。

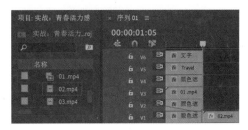

图 10-71

（2）将时间线滑动至2秒15帧位置，在【时间轴】面板中单击选择V1轨道上的02.mp4，按W键进行波纹裁剪，如图10-72所示。

图 10-72

（3）在【时间轴】面板中选择V1轨道上的02.mp4，在【效果控件】面板中展开【运动】，将时间线滑动至1秒05帧位置，单击【缩放】左边的 ⓞ（切换动画）按钮，设置【缩放】为100.0，如图10-73所示。然后将时间线滑动至1秒15帧位置，设置【缩放】为257.0。

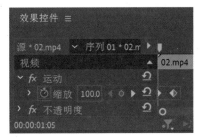

图 10-73

（4）在【项目】面板中用鼠标右键单击空白区域，在弹出的快捷菜单中执行【新建项目】→【颜色遮罩】命令，如图10-74所示。

（5）在打开的【新建颜色遮罩】对话框

中单击【确定】按钮，在打开的【拾色器】对话框中设置【颜色】为黄色，单击【确定】按钮，如图10-75所示。

图 10-74

图 10-75

（6）在【项目】面板中将"颜色遮罩"拖曳到V2轨道的1秒05帧位置，如图10-76所示，并设置结束时间为2秒15帧。

图 10-76

（7）在【时间轴】面板中选择V2轨道上的"颜色遮罩"，在【效果控件】面板中展开【运动】与【不透明度】，将时间线滑动至1秒18帧位置，单击【不透明度】左边的 ○（切换动画）按钮，设置【不透明度】为0.0%，如图10-77所示。将时间线滑动至1秒22帧位置，设置【不透明度】为100.0%，【混合模式】为相乘。

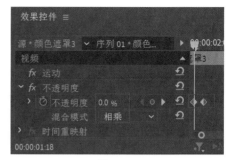

图 10-77

（8）在【时间轴】面板中选择V5轨道的文字图层，按住Alt键复制文字图层并将其拖曳到V3轨道的1秒05帧上，如图10-78所示，并设置结束时间为2秒15帧。

图 10-78

（9）在【时间轴】面板中单击V3轨道上的文字图层，在【效果控件】面板中展开【文本】→【源文本】→【外观】，勾选【填充】复选框，取消选中【描边】复选框，如图10-79所示。

图 10-79

（10）在【时间轴】面板中选择V3轨道上的文字图层，在【效果控件】面板中展开【文本】→【变换】，删除所有关键帧，接着将时间线滑动至1秒20帧位置，单击【位置】左边的 ○（切换动画）按钮，设置【位置】为（−990.5,625.5），如图10-80所示。将时间线滑动至1秒23帧位置，设置【位置】为（595.6,625.5）。

图 10-80

（11）展开【运动】，将时间线滑动至1秒23帧位置，单击【缩放】左边的 ⏱（切换动画）按钮，设置【缩放】为100.0，如图10-81所示。将时间线滑动至2秒01帧位置，设置【缩放】为200.0。

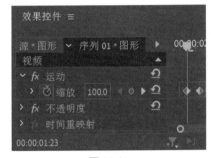

图 10-81

（12）选择V3轨道上的文字图层，按住Alt键进行复制，向上拖曳到V4轨道上，如图10-82所示。

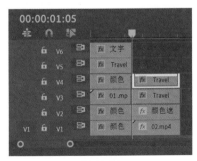

图 10-82

（13）在【时间轴】面板中单击V4轨道上步骤（12）复制的文字，在【效果控件】面板中展开【文本】→【源文本】→【外观】，取消选中【填充】复选框，勾选【描边】复选框，设置【描边大小】为10.0，接着展开【变换】，单击【位置】左边的 ⏱（切换动画）按钮，关闭关键帧动画，设置【位置】为（595.6,625.5），如图10-83所示。

图 10-83

（14）在【效果控件】面板中展开【运动】，单击【缩放】左边的 ⏱（切换动画）按钮，关闭关键帧动画，设置【缩放】为200.0。将时间线滑动至2秒03帧位置，单击【位置】左边的 ⏱（切换动画）按钮，设置【位置】为（960.0,540.0），如图10-84所示。接着将时间线滑动至2秒07帧位置，设置【位置】为（960.0,875.0）。

图 10-84

（15）在【效果控件】面板中展开【不透明度】，将时间线滑动至2秒01帧位置，单击【不透明度】左边的 ⏱（切换动画）按钮，设置【不透明度】为0.0%，如图10-85所示。接着将时间线滑动至2秒03帧位置，设置【不透明度】为100.0%。

图 10-85

（16）在【时间轴】面板中选择V4轨道上的文字图层，按住Alt键进行复制，向上拖曳到V5轨道上，如图10-86所示。

图 10-86

（17）在【效果控件】面板中展开【运动】，将时间线滑动至2秒07帧位置，修改【位置】为（960.0,174.0），如图10-87所示。

图 10-87

（18）滑动时间线，此时画面效果如图10-88所示。

图 10-88

3. 片尾部分

（1）在【项目】面板中用鼠标右键单击空白区域，在弹出的快捷菜单中执行【新建项目】→【颜色遮罩】命令，在打开的【新建颜色遮罩】对话框中单击【确定】按钮，在打开的【拾色器】对话框中设置【颜色】为蓝色，单击【确定】按钮，如图10-89所示。

图 10-89

（2）在【项目】面板中将新建的"颜色遮罩"拖曳到V1轨道的2秒15帧位置，并设置结束时间为4秒，如图10-90所示。

图 10-90

（3）在【时间轴】面板中选择V3轨道上1秒05帧的文字图层，按住Alt键进行复制，并拖曳到V2轨道的2秒15帧位置，如图10-91所示。

图 10-91

（4）在【时间轴】面板中单击V2轨道上刚刚复制的文字，在【效果控件】面板中展开【文本】→【变换】，单击【位置】左边的 ⏱（切换动画）按钮，删除关键帧，设置【位置】为（595.6,625.5），接着展开【变换】，单击【缩放】左边的 ⏱（切换动画）按钮，删除关键帧，设置【缩放】为100.0%，如图10-92所示。

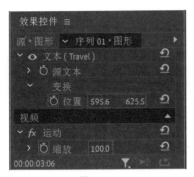

图 10-92

（5）在【时间轴】面板中选择V2轨道上2秒15帧的文字图层，按住Alt键进行复制，并垂直向上拖曳到V3轨道上，如图10-93所示。

图 10-93

（6）在【时间轴】面板中单击V3轨道上刚刚复制的文字，在【效果控件】面板中展开【文本】→【源文本】，设置【字体大小】为300，接着展开【外观】，取消选中【填充】复选框，勾选【描边】复选框，设置【描边颜色】为白色，【描边大小】为10.0，然后展开【变换】，设置【位置】为（-22.4,288.4），如图10-94所示。

图 10-94

（7）展开【运动】，将时间线滑动至2秒15帧位置，单击【位置】左边的◎（切换动画）按钮，设置【位置】为（960.0,575.0），如图10-95所示。将时间线滑动至3秒08帧位置处，设置【位置】为（2898.0,575.0）。

图 10-95

（8）使用同样的方法制作其他两组文字与动画效果，如图10-96所示。

图 10-96

（9）框选2秒15帧右边的V3～V5轨道上的文字图层，单击鼠标右键，在弹出的快捷菜单中执行【嵌套】命令，如图10-97所示。

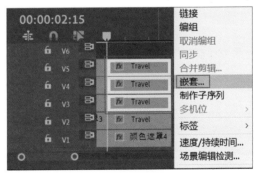

图 10-97

（10）在打开的【嵌套序列名称】对话框中单击【确定】按钮。接着在【时间轴】

面板中单击嵌套序列1，在【效果控件】面板中展开【不透明度】，单击■（创建四点多变形蒙版工具）按钮创建蒙版，如图10-98所示。

图 10-98

（11）展开【蒙版（1）】，设置【蒙版羽化】为280.0，【蒙版扩展】为215.0，并勾选【已反转】复选框，如图10-99所示。

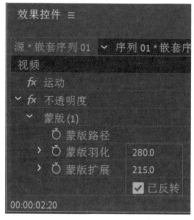

图 10-99

（12）在【节目监视器】面板中为蒙版设置合适的大小与位置，如图10-100所示。

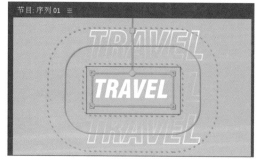

图 10-100

（13）在【项目】面板中选择03.mp4素材文件，将其拖曳到【时间轴】面板中V4轨道的2秒15帧位置，并设置03.mp4的结束

时间与下方轨道结束时间相同，如图10-101所示。

图 10-101

（14）在【时间轴】面板中选择V4轨道上的03.mp4，在【效果控件】面板中展开【运动】，将时间线滑动至2秒15帧位置，单击【位置】左边的 （切换动画）按钮，设置【位置】为（960.0,2404.0），如图10-102所示。接着将时间线滑动至2秒21帧位置，设置【位置】为（960.0,540.0）。

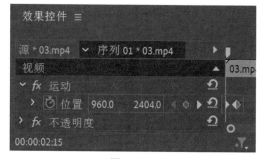

图 10-102

（15）在【效果】面板中搜索【裁剪】效果，接着将该效果拖曳到03.mp4素材文件上，如图10-103所示。

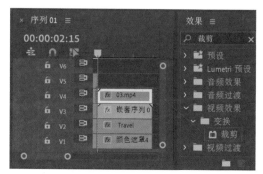

图 10-103

（16）在【时间轴】面板中选择V4轨道

上的03.mp4，在【效果控件】面板中展开【裁剪】，设置【右侧】为59.0%，如图10-104所示。

图 10-104

（17）在【项目】面板中选择04.mp4素材文件，将其拖曳到【时间轴】面板中V5轨道的2秒15帧位置，并设置04.mp4的结束时间与下方轨道结束时间相同，如图10-105所示。

图 10-105

（18）在【时间轴】面板中选择V5轨道上的04.mp4，在【效果控件】面板中展开【运动】，将时间线滑动至2秒15帧位置，单击【位置】左边的■（切换动画）按钮，设置【位置】为（960.0,-583.0），接着将时间线滑动至2秒21帧位置，设置【位置】为（960.0,540.0），如图10-106所示。

图 10-106

（19）在【效果】面板中搜索【裁剪】

效果，接着将该效果拖曳到04.mp4素材文件上，如图10-107所示。

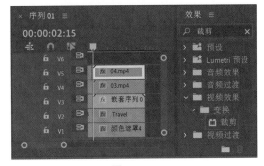

图 10-107

（20）在【时间轴】面板中选择V5轨道上的04.mp4，在【效果控件】面板中展开【裁剪】，设置【左侧】为66.0%，如图10-108所示。

图 10-108

（21）在【项目】面板中选择蓝色"颜色遮罩"，将其拖曳到【时间轴】面板中V6轨道的2秒22帧位置，并设置颜色遮罩的结束时间与下方轨道结束时间相同，如图10-109所示。

图 10-109

（22）在【时间轴】面板中选择V6轨道上的"颜色遮罩"，在【效果控件】面板中展开【运动】，将时间线滑动至2秒22帧位置，单击【位置】左边的■（切换动画）

按钮，设置【位置】为（960.0,1763.0），如图10-110所示。接着将时间线滑动至3秒06帧位置，设置【位置】为（960.0,540.0）。

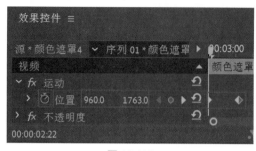

图 10-110

（23）在【效果控件】面板中展开【不透明度】，单击▢（创建四点多变形蒙版工具）按钮创建蒙版，如图10-111所示。

图 10-111

（24）展开【蒙版（1）】，设置【蒙版羽化】为61.0，勾选【已反转】复选框，设置【混合模式】为相乘，如图10-112所示。

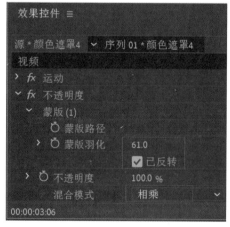

图 10-112

（25）在【节目监视器】面板中为蒙版设置合适的大小与位置，如图10-113所示。

图 10-113

（26）此时本案例制作完成，滑动时间线，画面效果如图10-114所示。

图 10-114

第**11**章

影视特效制作
综合应用

影视特效在影视作品中是重要的组成部分，是不可或缺的元素之一。本章为素材添加合适的特效使作品在视觉感受中更逼真。

能力目标

❖ 掌握影视特效的应用

11.1 实操：影视特效发光文字

文件路径：资源包\案例文件\第11章
影视特效设计综合应用\实操：影视特
效发光文字

本案例使用【速度/持续时间】命令调整背景播放的速度，使用文字工具创建文字并使用【Alpha发光】、【快速模糊入点】效果制作发光文字动画效果。案例效果如图11-1所示。

图 11-1

11.1.1 项目诉求

本案例是以"未来科技"为主题的短视频宣传项目。视频要求文字具有金属质感，且能够表现未来感。

11.1.2 设计思路

本案例以文字为基本设计思路，采用发光效果制作文字以体现未来感，并采用具有稳重金属质感的背景。

11.1.3 配色方案

主色：本案例采用驼色作为主色，给人温暖、坚韧、未来的感觉，同时也可以呈现出金属质感，配以其他颜色还可以增加画面的视觉冲击力，如图11-2所示。

图 11-2

辅助色：本案例采用万寿菊黄与天蓝色作为辅助色，如图11-3所示。万寿菊黄给人光明、黄金的感觉，天蓝色给人科技感。两种颜色为互补色，给人强烈的视觉冲击。

图 11-3

11.1.4 版面构图

本案例采用中轴型的构图方式（见图11-4），以文字作为中心轴分隔画面，文字在画面中居中更加突出文字效果，并适当留白给予画面层次感。

图 11-4

11.1.5 项目实战

操作步骤：

（1）新建序列。执行【文件】→【新建】→【项目】命令，新建一个项目。执行【文件】→【新建】→【序列】命令，在【新建序列】对话框中单击【设置】按钮，在打开的对话框中设置【编辑模式】为HDV 1080p，【时基】为23.976帧/秒，【像素长宽比】为HD变形1080（1.333），如图11-5所示。

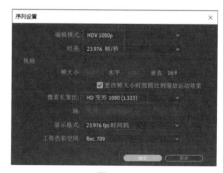

图 11-5

（2）执行【文件】→【新建】→【项目】命令，新建一个项目。执行【文件】→【导入】命令，导入素材。在【项目】面板中选择背景.mp4素材文件，将其拖曳到【时间轴】面板中的V1轨道上，如图11-6所示。

（3）此时画面效果如图11-7所示。

Premiere Pro 2022 影视编辑与特效制作案例教程（全彩慕课版）

图 11-6

图 11-7

（4）在【时间轴】面板中用鼠标右键单击背景.mp4素材文件，在弹出的快捷菜单中执行【速度/持续时间】命令，如图11-8所示。

图 11-8

（5）在打开的【剪辑速度/持续时间】对话框中设置【速度】为207.63%，【持续时间】为6秒，如图11-9所示。

图 11-9

（6）将时间线滑动至起始时间位置，在【工具】面板中单击 **T**（文字工具）按钮，在【节目监视器】面板中的合适位置输入合适的文字内容，如图11-10所示。

图 11-10

（7）在【效果控件】面板中设置合适的【字体系列】和【字体样式】，设置【字体大小】为300，【对齐方式】为 **≡**（左对齐文本）与 **≡**（顶对齐文本），开启 **T**（仿粗体）、**T**（仿斜体）、**TT**（全部大写字母），设置【填充】为白色，展开【变换】，设置【位置】为（291.4,600.5），如图11-11所示。

图 11-11

（8）在【时间轴】面板中选择V2轨道上的文字图层，在【效果控件】面板中展开【不透明度】，将时间线滑动至起始时间位置，单击【不透明度】左边的 ⏱（切换动画）按钮，设置【不透明度】为0.0%，如图11-12所示。接着将时间线滑动至15帧位置，设置【不透明度】为100.0%。

图 11-12

（9）在【时间轴】面板中将文字图层的结束时间向左拖曳到3秒位置，如图11-13所示。

（10）在【效果】面板中搜索【Alpha发光】效果，接着将该效果拖曳到V2轨道中的文字图层上，如图11-14所示。

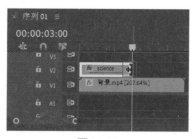

图 11-13

图 11-14

图 11-17

图 11-18

（11）在【时间轴】面板中选择V2轨道上的文字图层，在【效果控件】面板中展开【Alpha发光】，设置【发光】为80，【亮度】为200，【起始颜色】为黄色，【结束颜色】为红色，如图11-15所示。

图 11-15

（12）在【效果】面板中搜索【快速模糊入点】效果，接着将该效果拖曳到V2轨道中的文字图层上，如图11-16所示。

图 11-16

（13）滑动时间线，此时画面效果如图11-17所示。

（14）将时间线滑动至3秒位置，在【工具】面板中单击【文字工具】按钮，在【节目监视器】面板中的合适位置单击并输入合适的文字内容，如图11-18所示。

（15）在【效果控件】面板中设置合适的【字体系列】和【字体样式】，设置【字体大小】为300，【对齐方式】为 （左对齐文本）与 （顶对齐文本）。开启 （仿粗体）、 （仿斜体）、 （全部大写字母），设置【填充】为白色，展开【变换】，设置【位置】为（330.5,586.5），如图11-19所示。

图 11-19

（16）在【时间轴】面板中选择V2轨道上添加的文字，在【效果控件】面板中展开【不透明度】，将时间线滑动至3秒位置，单击【不透明度】左边的 （切换动画）按钮，设置【不透明度】为0.0%，如图11-20所示。接着将时间线滑动至3秒15帧位置，设置【不透明度】为100.0%。

图 11-20

（17）在【效果】面板中搜索【Alpha
发光】效果，接着将该效果拖曳到V2轨道
上添加的文字上，如图11-21所示。

图 11-21

（18）在【时间轴】面板中选择V2轨道
上的文字图层，在
【效果控件】面板中
展开【Alpha发光】，
设置【发光】为80，
【亮度】为200，【起
始颜色】为蓝色，
【结束颜色】为紫
色，如图11-22所示。

图 11-22

（19）在【效果】面板中搜索【快速模
糊入点】效果，接着将该效果拖曳到V2轨
道中的文字图层上，如图11-23所示。

图 11-23

（20）此时本案例制作完成，滑动时间
线，画面效果如图11-24所示。

图 11-24

11.2 实操：时尚多彩视频特效

文件路径：资源包\案例文件\第11章
影视特效设计综合应用\实操：时尚多
彩视频特效

本案例使用【光照效果】效果制作多彩
视频效果，并使用【亮度曲线】效果调整画
面亮度。案例效果如图11-25所示。

图 11-25

11.2.1 项目诉求

本案例是以"幻彩时尚人物"为主题的
短视频宣传项目。要求视频具有朦胧、时尚
多彩的感觉，且能够突出人物形象。

11.2.2 设计思路

本案例以幻彩为基本设计思路，采用映
射光照的方式体现出朦胧效果，并设置合适
的映射颜色制作出时尚多彩的效果。

11.2.3 配色方案

主色：本案例采用丁香紫作为主色，给
人雅致、神秘、优美的感觉，同时也可以呈
现出优雅、浪漫的效果，如图11-26所示。

辅助色：本案例采用青色与优品紫红色
作为辅助色，如图11-27所示。青色给人古
典、清幽的感觉，优品紫红色给人稳重感。

这两种颜色为对比色，给人充满生机与活力的印象。

图 11-26   图 11-27

11.2.4 版面构图

本案例采用分割型的构图方式（见图11-28），以人物作为分割线，将画面分割为不均等的两个部分，不均等的分割使画面中的人物更有动感，并适当留白使画面具有层次感。

图 11-28

11.2.5 项目实战

操作步骤：

（1）新建序列。执行【文件】→【新建】→【项目】命令，新建一个项目。执行【文件】→【新建】→【序列】命令，在【新建序列】对话框中单击【设置】按钮，在打开的对话框中设置【编辑模式】为自定义，【时基】为23.976帧/秒，【帧大小】为1920，【水平】为1080，【像素长宽比】为方形像素（1.0），如图11-29所示。

图 11-29

（2）执行【文件】→【导入】命令，导入素材。在【项目】面板中选择素材.mp4文件，将其拖曳到【时间轴】面板中的V1轨道上，如图11-30所示。

图 11-30

（3）此时画面效果如图11-31所示。

图 11-31

（4）在【效果】面板中搜索【光照效果】效果，并将该效果拖曳到【时间轴】面板中V1轨道的素材.mp4上，如图11-32所示。

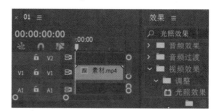

图 11-32

（5）在【时间轴】面板中选中V1轨道上的素材.mp4，在【效果控件】面板中展开【光照效果】→【光照1】，设置【光照颜色】为红色，【中央】为（375.0,375.0），【角度】为230.0°，【强度】为90.0，【聚焦】为40.0，接着展开【光照2】，设置【光照类型】为点光源，【光照颜色】为绿色，【中央】为（1380.0,435.0），【角度】为330.0°，如图11-33所示。

图 11-33

（6）此时画面效果如图11-34所示。

图 11-34

（7）展开【光照3】，设置【光照类型】为点光源，【光照颜色】为玫红色，【中央】为（1605.0,805.0），【角度】为2×60.0°，接着展开【光照4】，设置【光照类型】为点光源，【光照颜色】为蓝色，【中央】为（330.0,1015.0），【环境光照强度】为25.0，【表面光泽】为30.0，【曝光】为20.0，如图11-35所示。

图 11-35

（8）此时画面效果如图11-36所示。

图 11-36

（9）在【效果】面板中搜索【亮度曲线】效果，并将该效果拖曳到【时间轴】面板中V1轨道的素材.mp4上，如图11-37所示。

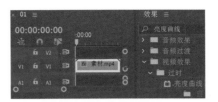

图 11-37

（10）在【时间轴】面板中选中V1轨道上的素材.mp4，在【效果控件】面板中展开【亮度曲线】，在【亮度波形】的曲线中添加一个控制点，接着将该控制点向左上角拖曳到合适位置，如图11-38所示。

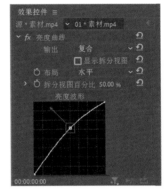

图 11-38

（11）此时画面效果如图11-39所示。

图 11-39

（12）此时本案例制作完成，滑动时间线，画面效果如图11-40所示。

图 11-40